中国轻工业"十三五"规划教材

家具设计手绘表现技法

潘速圆　陈卓　著

中国轻工业出版社

图书在版编目（CIP）数据

家具设计手绘表现技法 / 潘速圆，陈卓著. —北京：中国轻工业出版社，2025.1

ISBN 978-7-5184-2123-7

Ⅰ.①家… Ⅱ.①潘… ②陈… Ⅲ.①家具—设计—绘画技法 Ⅳ.① TS664.01

中国版本图书馆CIP数据核字（2018）第222081号

责任编辑：陈　萍　　　　责任终审：劳国强　　整体设计：锋尚设计
策划编辑：林　媛　陈　萍　责任校对：吴大朋　　责任监印：张　可

出版发行：中国轻工业出版社（北京鲁谷东街5号，邮编：100040）

印　　刷：艺堂印刷（天津）有限公司

经　　销：各地新华书店

版　　次：2025年1月第1版第4次印刷

开　　本：787×1092　1/16　印张：9.75

字　　数：230千字

书　　号：ISBN 978-7-5184-2123-7　定价：39.00 元

邮购电话：010-85119873

发行电话：010-85119832　010-85119912

网　　址：http://www.chlip.com.cn

Email：club@chlip.com.cn

前言

设计手绘是从事艺术设计工作最重要的基础技能，无论是从事建筑设计、服饰设计、陈列设计、橱窗设计、家居设计、软装设计，还是从事空间设计、园林园艺设计、环艺设计、工业设计、视觉传达设计，都需要应用手绘草图表达设计创意与设计构思。设计手绘水平的高低、设计手绘的质量不但决定设计的效率，而且对产品开发设计最终能否成功有莫大的影响。手绘与我们的现代生活密不可分，建筑、服装、插画、动漫……手绘的形式分门别类，各具专业性，对建筑师、设计人员等设计绘图相关职业的人来说，手绘设计的学习是一个贯穿职业生涯的过程。

家具设计手绘表达是家具新产品开发设计的重要流程之一，通过线条、色彩、明暗表达家具形态与结构；家具设计手绘是设计师的具象语言，是表达设计师设计构思的重要手段和方法，是记录设计灵感的重要形式，借助笔和纸张，将设计师脑海里瞬间产生的设计方案记录保存下来；家具设计手绘是家具开发不断优化的催化剂，通过大量的设计草图引导设计方案不断进行优化选择与演绎，使家具产品方案不断完善；家具设计手绘表达是设计师的设计宝库，通过大量的设计手绘，收集各种家具设计元素与设计素材，并引导设计师深入思考与记忆，帮助设计师在脑海里建立一个多样化的设计素材库。家具设计手绘表达的学习目的是为了培养家具设计师设计表达的技能，以便快速、准确、完整地表达设计师在家居产品开发设计时的创新构想，包括家具形态、家具结构、家具的整体展示。

本书针对家具设计、室内设计等领域，从事家居产品开发设计专业人员或准备从事家具设计的家具专业、产品专业的学习者。本书以经典的家具为基础，应用家具表现技法进行快速表现。内容以基础知识、基本技能、手绘案例讲解、产品开发设计实际运用案例、企业及企业优秀手绘案例的顺序进行组织与编排，强调基本功的训练和技巧的实际运用。

本书由东莞职业技术学院潘速圆、陈卓合作编写，其中潘速圆编写约14万字，陈卓编写约8万字。由于本书的编写时间紧、任务重，得到众多专业人士的鼎力相助，感谢林瑞清、林思敏、李海静、黄子卿、李非同、邱绿萍、陈丽玫、黄洪森、杜仲航、关斯宇、陈彩红等为本书提供宝贵的图片资料以及协助绘图工作。

东莞职业技术学院　潘速圆

2018年8月15日

目录

10 家具新产品开发设计手绘图案例 |||||||||||||||||||||||||||||||||||||||||||||||||||||

11 家具企业产品开发手绘案例 |||||||||||||||||||||||||||||||||||||||||||||||||||||||

1

家具设计手绘概述

1.1　家具设计手绘表现概述

设计是一项创新的实践性活动，艺术设计对一个国家、一个民族、一个企业有着非凡的意义，设计提升企业产品价值，增强企业经济竞争能力，产品设计水平的高低是一个国家、一个民族、一个企业经济活力的直接体现。

现代产品市场竞争非常激烈，好的创意和发明必须借助某种途径表达出来。无论是独立的设计，还是推销你的设计，面对客户推销设计创意时，必须互相提出建议，把客户的建议立刻记录下来或以图形表示出来。快速的描绘技巧便会成为非常重要的手段。

设计表现图，是设计师向他人阐述设计对象具体形态、构造、材料、色彩等要素并与对方进行更深入交流和沟通的重要方式；同时，也是设计师记录自己构思过程、发展创意方案的主要手段，图1-1所示是家具设计手绘图。

图1-1

1.2 家具设计手绘图的作用与意义

快速表现图是设计思想的表达手段，其主要作用和意义：

①**保存和记录设计构思方案。**速写是画家在较短的时间内以简练、概括和鲜明的手法对艺术形象进行快速捕捉，并以此方式表达自己对物象的强烈感受。快速设计手绘是对设计构思的凝练与概括。一个优秀的构思是在脑海里千锤百炼，或是长时间思考之后突然灵光闪现。设计师在开发新产品过程中，脑海里有千奇百态的想法，其中一些可行的想法需要被及时记录，一些突现的灵感需要第一时间记录下来，徒手手绘图就是快速、便捷的构思保存办法。

②**培养设计思维，激发设计灵感。**大量的手绘图能促进设计创意。设计师在长时间的手绘过程中伴随对家具形态的审判与思考，在鉴赏与思考中就会有新的想法。速写是观察能力和艺术造型能力培养的重要途径。速写作为造型艺术基本功的训练，能够培养学习者对物象敏锐的观察力，具备与众不同的审美，以艺术的眼光和视角去认识和观察世界，在平凡中发现伟大，在一般中发现典型。速写还可以培养学习者对造型能力的灵活、准确把握。

③**设计思想的交流与传达。**人与人之间的交流能碰撞出火花，激发新的灵感，所以需要快速绘制手绘图，以便第一时间最便捷地和别人进行交流。至于最终的电脑效果图都是从最初构思的手绘图而来的，所以手绘图是基础。不管画得好与不好，只要掌握这个技能，会对设计师的设计传达带来很大的帮助的。总之，手绘图是设计师的交流语言，是设计交流的手段。当然也不排除仅仅为了画手绘图而画手绘图的，这也是一时的兴趣。

④**收集设计素材。**设计手绘不但是一个设计构思的过程，一个优秀的设计师需要见多识广，需要不停地往脑海填充各种造型与结构素材信息，而且需要熟悉各种产品设计造型与结构的细节，需要其他美学知识在脑海里的积淀。通过手绘可以给自己输入设计素材，激发设计灵感，经常进行各种设计手绘对设计师的设计水平的提高有很大的帮助。如图1-2至图1-7所示，是设计专业学生在各地写生考察，徒手快速绘制的一些对设计有用的素材。

图1-2

图1-4

图1-3

图1-5

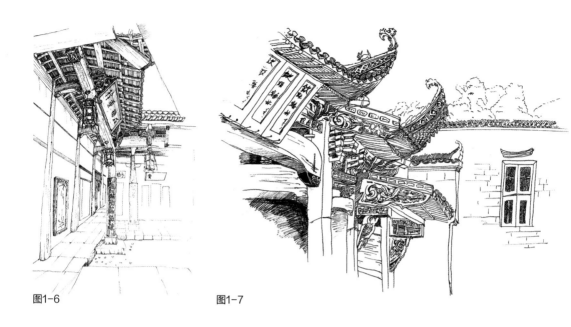

图1-6   图1-7

1.3   家具手绘图分类

手绘图有几种分类方式，根据目的可分为：概念手绘图、解释性手绘图、结构手绘图、效果图式手绘图；根据投影类型可分为：平面投影草图、透视草图。当然，草图的分类还有其他方式，比如根据绘制工具可分为：炭笔草图、铅笔草图、钢笔草图等；也可以根据颜色可分为：黑白草图、单色彩图、多色彩图等。

1.3.1   根据目的分类

（1）概念手绘图

概念手绘图即设计初始阶段的设计雏形，以线为主，如图1-8所示，多是思考性质的，一般较潦草，多为记录设计的灵光与原始意念的，不追求效果和准确，甚至这些手绘图是粗制滥造。但这个阶段是必需的，这时不要计较牺牲质量换取速度，快速记忆保存是这个阶段的重点。

图1-8

（2）解释性手绘图

图1-9和图1-10是以说明产品的使用和结构为宗旨。基本以线为主，附以简单的颜色或加强轮廓，经常会加入一些说明性的语言。偶尔还有运用卡通式语言的方式。多为演示用而非方案比较，画得较清晰，大关系明确。

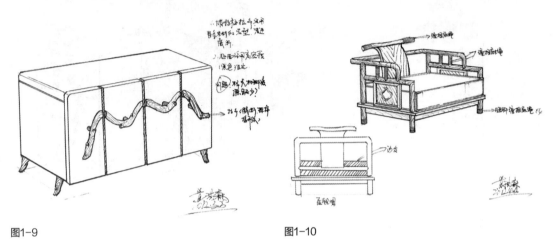

图1-9   图1-10

（3）结构手绘图

如图1-11和图1-12所示，多要画透视线，辅以暗影表达。主要目的是为表明产品的特征，机构、组合方式，以利沟通及思考（多为设计师之间研究探讨用）。

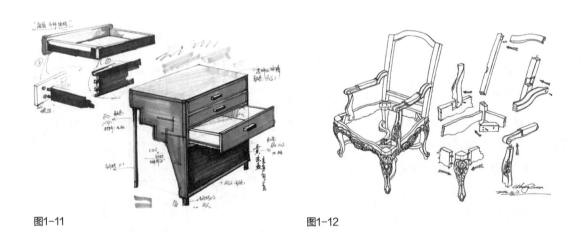

图1-11   图1-12

（4）效果式手绘图

如图1-13和图1-14所示，设计师比较设计方案和设计效果时用，也用在评审时。以表达清楚结构、材质、色彩，为加强主题还会顾及使用环境、使用者。

图1-13

图1-14

1.3.2　根据投影类型分类

（1）平面投影草图

　　平面投影草图适合于对透视关系、比例尺寸容易失控的人，画起来相对简单。平面投影草图分为正面投影草图、侧面投影草图、俯视投影草图等，如图1-15和图1-16所示。

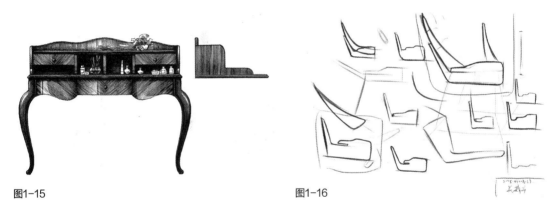

图1-15

图1-16

（2）透视草图

　　透视草图是较易被接受和理解的一种图，容易从图中理解家具的确切形态。所以绘制直观形象的透视图是设计师表达设计构思的重要手段和表达方法。特别是设计家具、构思其外观造型时，画透视草图则是必不可少的过程，在设计草图阶段，随手勾画出多种式样的家具立体设计草图，如图1-17和图1-18所示。

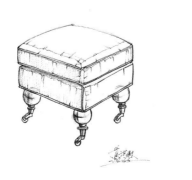

图1-17

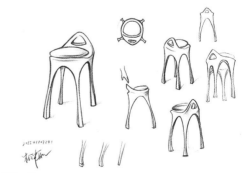

图1-18

1.4　家具设计快速手绘表现的常用工具及材料

家具设计手绘常用的工具种类和数量繁多，对于不同的设计师、不同的目的、手绘图的完善程度，每个设计师都会有各自不一样的选择。常见的工具及材料有：手绘板、纸张、笔、色彩颜料、辅助性工具。

1.4.1　手绘板

手绘板通常也叫板夹，给草图绘制者提供一个平整、使用方便的底面，可以把绘图纸相对固定，防止纸张移动变形。手绘板的材质各式各样，有木质板、塑料板、纸板，有的有尺寸刻度，有的带网格，手绘草图时有尺寸比例的参考辅助作用，如图1-19和图1-20所示。

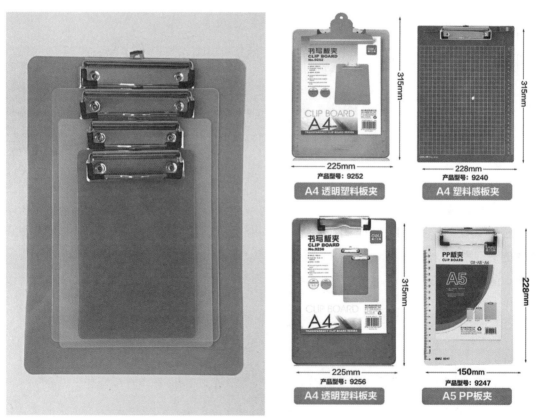

图1-19　　　　　　　　　　　　　　图1-20

1.4.2 手绘纸张与手绘本

手绘纸张与手绘本的类型各式各样，使用较多的是打印纸，带底色的速写纸，还有各式各样非纯白的速写纸、速写本。纸张的光洁程度、粗糙度、色度都各有差异。不同的设计师对纸张的选择有不同的偏好。建议选择85g/m²的白色复印纸，走笔流畅而且黑白分明。如果用铅笔画手绘草图，建议选用素描纸类的速写本，速写用的种类繁多，如绘图纸、素描纸、铜版纸、卡纸、毛边纸、宣纸等。由于用笔不同，所使用的纸也就不同。钢笔速写的用纸应选择光滑而不太渗水的纸为宜，如卡纸、铜版纸等。铅笔速写的用纸应选择质地较粗、较厚或松涩的纸张为宜，如素描纸、图画纸、毛边纸等。毛笔速写的用纸应选择纸质松软，吸水性强的纸为宜，如生宣纸、毛边纸等。另外，除选用适合自身使用的单片纸外，目前市场上还有很多种类的速写本、册页可供选择。速写本、册页的最大优点是携带和使用方便，便于收藏，如图1-21至图1-27所示。

图1-21

图1-22

图1-23

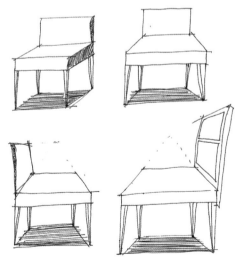

图1-24

图1-25

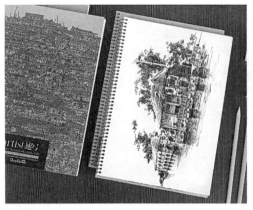

图1-26

图1-27

1.4.3 手绘速写笔

手绘可使用的笔也是各式各样，按使用功能基本上分为两类：线稿用笔和上色用笔。绘图时，了解各种用笔的特性与使用技巧，对于选择适合自己的手绘用笔、提高绘图效率与质量、形成自己独特的手绘风格有很大帮助。由于篇幅有限，仅介绍线稿用笔。

线稿用笔有铅笔、水笔、钢笔。

①**铅笔的特性**。它是用石墨为笔芯（除了彩色铅笔以外）以及木杆为外包层而制作的，铅笔的尾端也可以带有一个橡皮擦，铅笔与其他笔（除了可擦笔以外）的不同之处在于它的笔迹很容易被擦掉。铅笔铅芯的硬度标志，一般用"H"表示硬质铅笔，"B"表示软质铅笔，"HB"表示软硬适中的铅笔，"F"表示硬度在HB和H之间的铅笔。排列方式（由软至硬）9B，8B，7B，6B，5B，4B，3B，2B，B，HB，F，H，2H，3H，4H，5H，6H，7H，8H，9H，10H等硬度等级。H前面的数字越大，表示它的铅芯越硬，颜色越淡。B前面的数字越大，表示铅芯越软，颜色越黑，如图1-28和图1-29所示。

图1-28

图1-29

铅笔在手绘草图里使用最多，尤其是初学者，造型表现难以一次性到位，需要多次修改，这时候需要用铅笔画出草图轮廓的底稿，如图1-30所示。图1-31为在铅笔草图底稿上色后的效果。

图1-30

图1-31

在计算机辅助设计表达为主流的时代，手绘越来越简化。现代家具设计中，手绘图常常以铅笔做线稿，以铅笔适当涂抹表示阴影，如图1-32和图1-33所示。

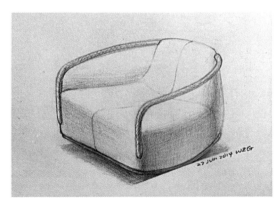

图1-32

图1-33

②**水笔的特性**。水笔，学名针管笔。针管笔是绘制图纸的基本工具之一，能绘制出均匀一致的线条。笔身是钢笔状，笔头是长约2cm中空钢制圆环，里面藏着一条活动细钢针，上下摆动针管笔，能及时清除堵塞笔头的纸纤维。针管笔针管管径的大小决定所绘线条的宽窄。针管笔有不同粗细，其针管管径有0.1~2.0mm的不同规格，在设计制图中至少应备有细、中、粗三种不同粗细的针管笔，如图1-34和图1-35所示。

图1-34

图1-35

西方的美术作品,多有运用线条的佳作。无论是绘画、雕刻、工艺美术设计都如此。从毕加索、马蒂斯、伦勃朗等巨匠的作品中,不难看到对各种复杂线条的运用。在绘制家具草图时,针管笔也是最常见的工具,如图1-36和图1-37所示。

图1-36

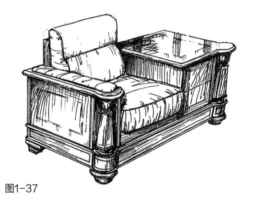

图1-37

③彩色铅笔特性。如图1-38所示,彩色铅笔是一种操作快捷的涂色工具,其基本效果类似于铅笔。颜色多种多样,草图效果较淡,清新简单,便于擦拭修改。具有透明度和色彩度,在各类型纸张上使用时都能均匀着色,流畅描绘。彩色铅笔套装有:单支系列(129色)、12色系列、24色系列、36色系列、48色系列、72色系列、96色系列等。

不溶性彩色铅笔可分为干性和油性,画出的效果较淡,简单清晰,大多可用橡皮擦去。还可通过颜色的叠加,呈现不同的画面效果,是一种较具表现力的绘画工具。

水溶性彩色铅笔又叫水彩色铅笔,它的笔芯能溶解于水。遇水后,色彩晕

图1-38

图1-39

染开来，实现水彩般透明的效果。水溶性彩色铅笔有两种功能：在没有蘸水前和不溶性彩色铅笔效果一样，在蘸上水之后就会变成像水彩一样，颜色鲜艳亮丽，十分漂亮，而且色彩很柔和，如图1-39所示。

1.5 家具设计手绘姿势

1.5.1 握笔姿势

家具设计手绘时，绘制线条要求做到流畅、一气呵成，快、准、稳。握笔姿势和学习写字的握笔姿势一样：拇指与食指前端夹住笔杆，手指下端点与笔尖距离2.5cm，笔与纸成45°左右的夹角，如图1-40和图1-41所示。在开始学习手绘时，要养成良好的握笔习惯，一旦养成不良的握笔姿势，时间一长就很难纠正，错误的握笔姿势对于手绘线条的质量会产生很大负面影响。一直坚持用正确的握笔姿势，肌肉在一段时间的实践后会形成记忆，良好的姿势就根深蒂固了。科学合理的姿势不但使手绘作品质量更好，同时可以在绘图时更加轻松，效率更高。

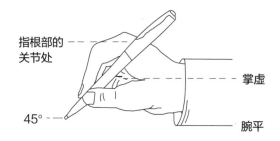

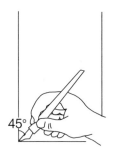

图1-40

图1-41

1.5.2 坐姿

坐姿和握笔的姿势相辅相成，两者缺一不可，坐姿不正影响肩关节和肘关节的活动，手握笔得不到灵活的舒展，运笔作画受到诸多限制。躯干略微前倾，10°左右，如图1-42所示。

头部的要求尽量让视线与画面成90°角，便于最好地观察手绘过程，实时地对画面做出准确的判断与调整，为了避免头部倾斜角过大，缓冲手绘所造成的疲劳，画板或桌面应略微向身体部分倾斜。便于身体躯干的稳定，降低躯干部分的倾斜角度。

图1-42

1.6 家具设计手绘学习步骤及方法

在刚开始学习手绘时，经常会听到许多人感叹学习手绘不易，特别是没有任何美术基础的同学，为了让自己的设计工作发展更加全面，便利用工作之余来学习设计手绘；其实，学习设计手绘，是一门技术，是一项专业的基础技能，几乎所有的设计师都是同样的经验——熟能生巧。

家具设计手绘是一个长期、循序渐进、逐步提高、水到渠成的进阶过程，在这学习过程中有一些基本的学习步骤：

第一步 基础练习。基础练习是学习手绘的基本保证，没有扎实的基础，就无法练就高水准的手绘技能。扎实的功底是基础，万丈高楼平地起，打实基础是根本。对于基础练习贵在长时间的坚持，没有一定的时间的积累、数量的积累，就不可能打好扎实的基础。所以在基础训练中切记要戒骄戒躁，切不可操之过急、好高骛远。手绘设计表达的基础练习包括：线条、透视、上色基础等。基础训练也是索然无味的，需要一定的毅力与耐力。一定不可揠苗助长，不可一味提前进行高阶学习。

第二步 临摹练习。临摹别人的作品是最直接和有效的学习、观察及表现的一种方法。临摹的时候要明确自己的学习目的和方向，而不是一味地临摹，到头来也不知道自己在画什么东西，临摹得相似就可以了。可以整体临摹，也可以局部临摹，着重形体、空间、表现技法上的学习。如学习塑造形体的时候，最好将临摹品和物体对照一下，观察、分析别人是如何把握和处理形体的大块面及细节上的变化，哪些可以忽略，而哪些要深入刻画。一开始画手绘的时候，最好着重线条方面的训练，对形体的准确把握很有帮助。

第三步 基础巩固练习。临摹到一定阶段后，要树立自己的手绘风格和方向，反对一味地临摹模仿，临摹以博采众长、有参照地学习为好。在临摹初始阶段，最重要的还是基本功，透视、线条、上色等基础扎实并运用得心应手，一切优秀的手绘作品对你来说都不是遥远的事情。

第四步 强化训练。找一些感兴趣的家具实物和照片进行练习，这样才能全心投入地去观察，去认真分析所画对象的形体关系，准确地描绘形体结构。画时要注意整体关系上的把握，如明暗、主次等关系，不要被细节所左右。特别是要求快速表现的时候，画时也不要太过拘谨。

第五步 大胆创作练习。在家具造型设计、家具产品开发课程中，大胆及时地将自己脑海中闪现的各种家具形态或造型快速表现出来，随后应用自己平时积累的手绘技巧进行修正与优化，逐步形成自己独特的风格。

第六步 日积月累的坚持。手绘练的是手感，积累到一定程度才能得心应手，线条才能流畅、横平竖直。手绘学习初始阶段，作为生手，尚未牢固的手感技巧容易丢失，学习初期要尽可能坚持每天徒手绘制家具草图和进行一定的基础训练。

2

线条基础及其在家具
手绘中的应用

2.1　线条在手绘图中的重要作用

线是点运动的轨迹，线运动构成面。在几何学中，线只具有位置和长度，而在形态学中，线还具有宽度、形状、色彩、肌理等造型元素。"线条"是方案或施工图的主要设计语言，家具设计中的基本元素是点、线、面、体，但是在设计手绘表现中，点、面、体都是通过线来体现的，以面为例，即使面是通过色块体现，也需要以边线来划定区域填充色彩，所以线条是手绘设计统一其他元素的元素。熟练线条的绘制，基本可以熟练地画出家具草图。离开了线条的演绎，设计思维与构成就难以展开。

2.2　线条的分类

在家具方案的构思过程中，有时平、立、剖面图还不足以反映设计对象的内容与形式，应用线条表现立体透视图的绘制，可更好地表现设计意图，加深人们对家具造型、气韵、质感、肌理的理解与认同。

线没有宽度，只有方向，在形态学中，线是一个非常明确的概念，在平面上有宽度，在空中有粗细和体积。

线的构成包括三方面的因素：一是线之所以为线的条件，线之所以为线，是因为它与整体或背景相比其视觉空间小；二是线本身的形状、色彩与态势；三是线在形态中的排列与位置，即线的构成。

按形态，线可以分为直线和曲线两大类。直线又可分为水平直线、垂直线、斜线。曲线按线的几何空间位置可分为平面曲线和空间曲线两类；按线的几何形状性质可分为几何曲线和自由曲线。前者的形状以及空间位置具有一定的规律性，后者则没有。

各种不同形态的线具有不同的情感特征。直线简单、明了、有力。细直线敏锐，粗直线厚重强壮，水平线平静开阔，垂直线刚劲挺拔。曲线优雅柔和丰满富有弹性。

2.3　线条绘制的基本知识与技巧

线条看起来非常简单，大多数人以为线条绘制也非常容易，随手能画，但是对于初学者而言，要将线条画好并不容易，对于手绘草图中的线条形态有一定基本的要求，要有塑造家具形态神韵的作用，直线要有稳健、刚强的力度感，曲线要有婉转和弹性的美妙。

要画好线条首先要懂得画线条的基本知识与技巧。手绘线条一般由三个部分组成：起笔、走笔、收笔。走笔部分要粗细一致且整体流畅，一气呵成，直线平直、曲线优美，起落分明，不拖泥带水。

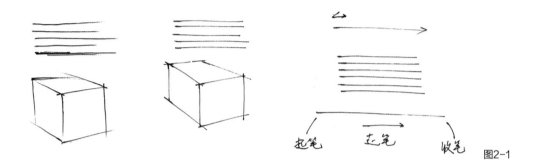

图2-1

2.4 线条的基础练习

线条的绘制与应用是家具设计手绘草图最基本的能力，直接决定设计师手绘能力的水平与手绘草图的效果。作为手绘草图的学习者，一定要循序渐进，有步骤、有阶梯地训练，达到熟练、流畅地绘制各种直线与曲线。

线条的练习可循序渐进分成以下几个阶段逐步进行：

第一阶段，基本线条的绘制。从最简单的直线开始，绘制水平直线、垂直线、斜线、简单曲线，如图2-2至图2-4所示。

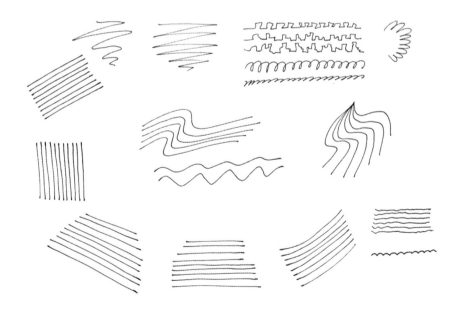

图2-2

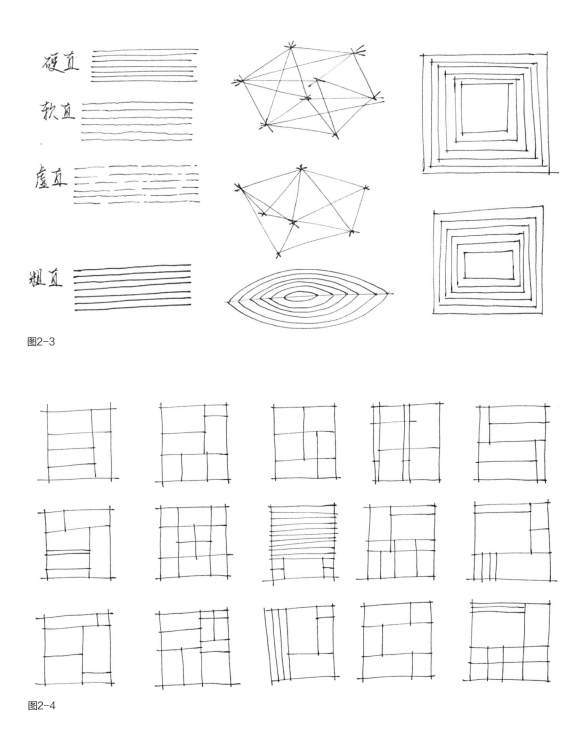

图2-3

图2-4

第二阶段，线条的掌控练习。通过绘制定向线条、等距线条、渐变线条、平行线条、发散线条、同心线条等，熟练各种组合线条的绘制，形成由习惯到自然的线条绘制手感。如图2-5至图2-9所示。

图2-5

图2-6

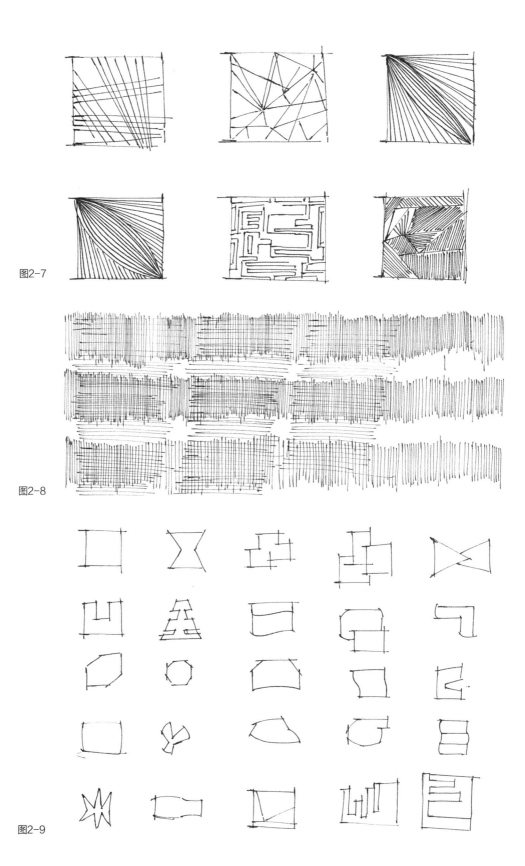

图2-7

图2-8

图2-9

第三阶段，线条的初步运用练习。对线条绘制有了熟练的手感，可以稳定控制各种线条的绘制后，可以初步应用线条绘制各种家具的平面图、立面图。一方面检查线条绘制的熟练程度、线条绘制掌控感，另一方面初步学习家具平面图、立面图的相关知识，为进一步绘制高难度的立体透视图打下坚实的基础。如图2-10至图2-14。

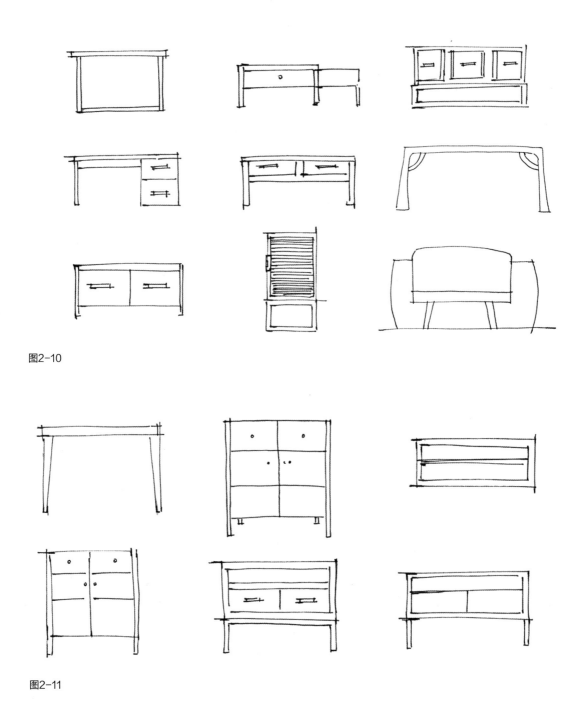

图2-10

图2-11

图2-12

图2-13

图2-14

3

快速表现立体草图的
透视原理

3.1 透视概述

　　立体图是较易被接受和理解的一种图，可直观表现家具的准确形态模样。所以绘制直观形象的立体图是设计师表达构思的重要手段和表达方法。特别是构思家具外观造型时，画立体图则是必不可少的过程，在设计草图阶段，随手勾画出多种式样的家具立体设计草图。这种草图往往是随意的，随手勾画出的立体图和透视原理越吻合，三视图越能真实地反应设计方案的准确形态。如果没有按照透视原理绘制立体图，快速绘制的立体草图与真实情况差别较大，设计师徒手绘画不熟练，立体草图还会严重失真，无法准确逼真地表现设计方案。

　　透视是严格根据照相机成像原理绘制立体图的一种方法（见图3-1），物体尺度比例、形态比较接近于人们眼睛观察的感觉。如果仅从轮廓形状来说，犹如摄影所得的照片，由于逼真，有助于生产者、工艺人员正确理解家具设计图、家具结构装配图等各种家具图样，同时也有利于设计师检验与审核家具生产图纸的正确与否，提高出图的准确性，提高设计效率。掌握手绘透视基本原理与透视图绘制的基本流程与方法，才能绘制出形象逼真的物体立体图。

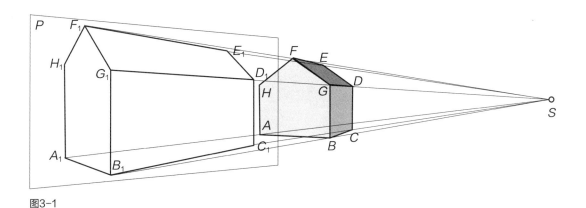

图3-1

3.2 透视基本原理

　　透视投影图（简称透视图）是以画法几何学的中心投影原理为依据，人眼为投射中心，视线为投射线所画出的图。如图3-2所示，假设在人与物体之间立一个平面（即画面）。当人观察物体时，视线（即直线SA、SB）穿过画面，视线与画面的交点（C、D）就是我们所说的透视，它实质上是由人眼引向物体的视线与画面的交点集合。画物体的透视图，就是求这些交点的集合。

如图3-2所示，透视图中的各基本术语如下：

画面P——绘制透视图的平面，一般为铅垂面，相当于多面正投影的V面；

基面G——放置家具的平面，一般为地面，相当于多面正投影的H面；

基线XX——画面与基面的交线，相当于正投影中的X轴。

视点S——观察者眼睛所在的位置，即投影中心；

主点s'——也称心点，视点在画面上的正投影；

站点s——也称驻点，视点在基面上的正投影；

视平面——过视点S与基面G平行的平面，如图中SHH平面；

视平线HH——视平面与画面的交线；

视高Ss——视点S到基面的距离；

主视线Ss'——过视点且与画面垂直的视线；

视距Ss'——视点到画面的距离Ss'；

视线SA——视点空间点与视点的连线；

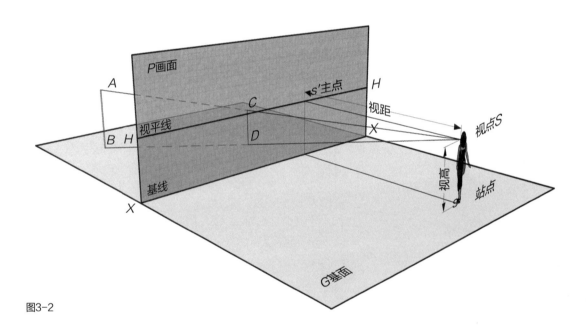

图3-2

3.3 透视基本分类

透视图是运用中心投影原理在一个投影面上画的立体图，因此比较接近于人们眼睛观察的感觉。如果仅从轮廓形状来说，犹如摄影所得的照片。所以家具设计中立体图主要是用透视图绘制的。一个物体由于其与画面的相对位置不同，它的长、宽、高三个主要方向的轮廓线与画面可能平行或不平行。如果不平行，在透视图中就会形成透视灭点，而与画面平行的轮廓线其透视图也与画面平行，就没有灭点。因而透视图按主向灭点的多少分为一点透视、两点透视和三点透视。

3.3.1 一点透视

一点透视也称为平行透视，一点透视绘制起来比较简单，是设计师手绘表达最常用的透视种类，也是最简单的透视规律。物体有一个面与画面平行，只有一个透视灭点，这样画出的透视称为一点透视或者平行透视，如图3-3所示。由于其消失点是心点，也称心点透视。

家具摆放时，正面与透视P画面平行，纵深线与画面垂直，高度方向线垂直而形成的一种透视（见图3-4），此时只有前后的深度方向线产生变形并形成一个灭点。这种透视方法常用于要求表达一个面的本来形状，如床、整套家具。一个物体上垂直于视平线的纵向延伸线都汇集于一个灭点，而物体最靠近观察点的面平行于视平面。

一点透视图的特征

如图3-5所示，前后深度方向的线都消失于灭点M，水平线依然保持与画面水平线平行，高度线与画面垂直线一致。

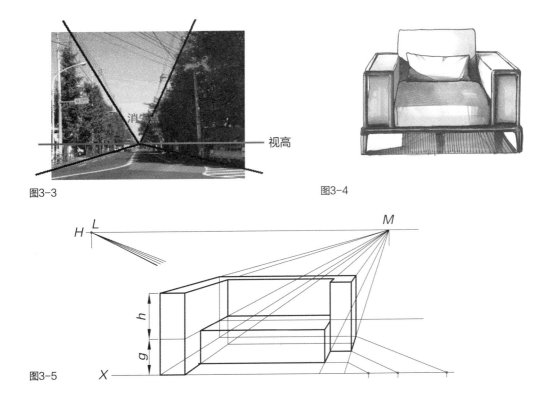

图3-3

视高

图3-4

图3-5

3.3.2　两点透视

　　两点透视也叫成角透视。相对于一点透视，成角透视有更好的立体视觉效果，而且在图上能更全面、更多角度体现家具形状，所以两点透视也是常用的基本透视规律。一个物体平行于视平线的纵向延伸线按不同方向分别汇集于两个灭点，物体最前面的两个面形成的夹角离观察点最近，这样的透视关系叫两点透视，也叫成角透视。如图3-6至图3-8所示。

两点透视图的特征

如图3-6所示，两点透视是物体摆放时，有一组竖直方向线条在画面上为垂直线且互相平行，共有两个透视灭点，且在视平线上，这样画出的透视图称两点透视或成角透视。这种透视方法常用于要求同时表达物体的两个立面时，如表现家具的外观。

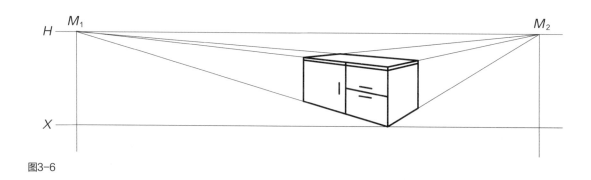

图3-6

图3-7

图3-8

3.3.3　三点透视

在两点透视的基础上，如果将画面绕基线旋转一定的角度，则物体的三组主向棱线与画面都不平行，共用三个透视灭点，这样画出的透视图称为三点透视，如图3-9所示。三点透视一般用于同时展示多套家具，如画家具布置的鸟瞰图或仰视图，如图3-10所示。

三点透视图的特征

深度、宽度、高度三组平行方向的线分别有各自的灭点，深度与宽度方向的平行线有两个透视灭点，且在视平线上。这种透视方法常用于表现建筑物，通过三点透视的立体图加强物体的高大形象，这种方法在家具手绘图中应用较少。

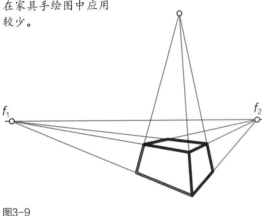

图3-9

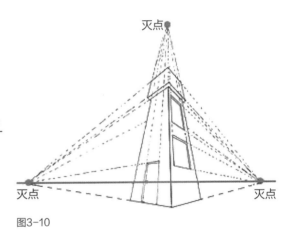

图3-10

3.4　家具透视图的绘制流程

3.4.1　一点透视图的绘制流程

如果有一个立体的主、俯视图如图3-11所示，各个方向上的尺寸都已用字母标出。若要画一点透视，即令画面与其一个主要方向平行，图3-12为画图方便令画面与立体一表面接触。已知视点位置S和视距SO。如用量点法来画透视，先求灭点。显然两组平行直线有一组因平行于画面而没有灭点。另一组则正好与画面垂直，因此主视线Ss'与画面相交的主点s'即为这一组平行直线的灭点，在水平投影中O点即为灭点水平投影。以O为圆心，OS为半径作圆弧与画面P线相交得L点，即为量点的水平投影。从图3-12中可以看出，$OL=OS$，即量点到主点（这时也是灭点）的距离就是视距，所以这时的量点也称作距离点。一点透视用量点法原理作图也就称为距离点法。

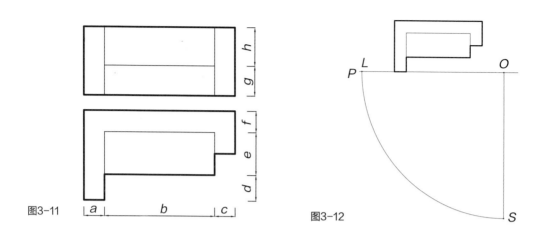

图3-11

图3-12

图3-13画出了平行透视法画立体图的具体步骤。见图3-13（a）（b），在视平线H上定出主点s′，即唯一灭点M，然后在H线上量ML等于视距，得距离点L即为量点。按照立体与视点的相对位置在基线上先定出由距离a、b、c决定的四个点，作垂直于画面的四条直线的透视，即使各点与灭点M相连即为所求。接下去画不同深度的四条横线，由于都平行于画面，其透视将因无灭点而仍相互平行，只要定出深度的透视位置即可画线。见图3-13（c），先选择一条深度方向的直线透视，准备在其上求得各横线的透视位置。方法和量点法完全一样，从迹点出发在基线X上量深度实际尺寸d、e、f取三点，再由这三点与距离点L相连，与所选直线透视相交于各点即为所求位置，这样就完成了次透视。图3-13（d）即立透视高，完成全部作图。图中可看到量真高不管前后都要在画面上量，即X线上量g和h两个高度。

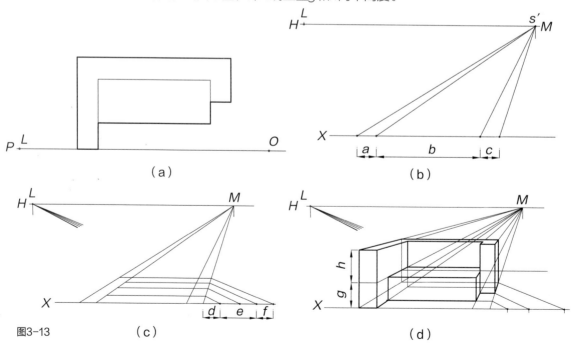

图3-13

（a）
（b）
（c）
（d）

3.4.2 两点透视图的绘制流程

利用量点法作出如平面图3-14所示家具
立体图。如图3-15所示，首先利用M_1和M_2以
及家具与透视画面重合点，画出前面两条线的
全长透视，再求正面上竖直分割线各透视点位
置：从家具与透视画面重合点开始，按家具形
体正面分割的实际尺寸在X线上如图3-16(a)
所示，求出三点，此三点分别与量点相连，求
得各点量线与左边全透视线的相交点，同理，
如图3-16(b)所示，求出深度位置点，然后应用
全透视线，求得整体的透视。如图3-16(c)所
示，根据第一步图3-16(a)得到全透视线上的分
割点画出竖直分割线，再画出水平方向的透视
分割线。

计算法和量点法绘透视图就是用计算法确
定视平线上灭点及量点的位置，用量点法确
定与画面倾斜而又与地面平行的线段的透视
长度。

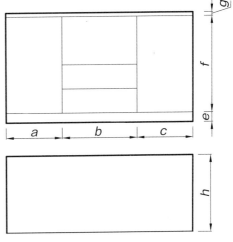

图3-14 家具形体视图

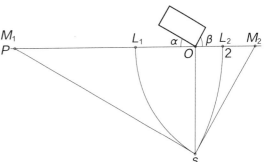

图3-15 量点法中量点求法

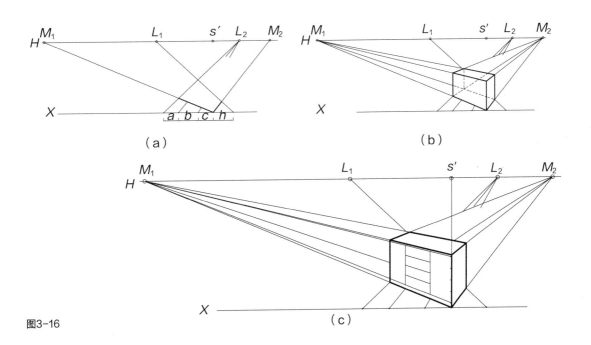

（a）

（b）

（c）

图3-16

3.5 透视基础练习

透视的准确性是家具设计手绘表现的重要基础，只有快速表现透视准确，所绘制的图形才不会变形，家具在图上的形态才接近真实视觉感，整体效果也才能美观。要达到这一目标，需要大量的透视基础练习。

3.5.1 透视图绘制基础训练

基础练习分为两部分，透视的基本画法和透视渐变。可以借助网格的快速表达用纸，按照透视绘制流程的基本画法进行基础训练，加深对透视的理解和直观感觉。

第二步进行透视变化训练。

一点透视基础训练，如图3-17所示。

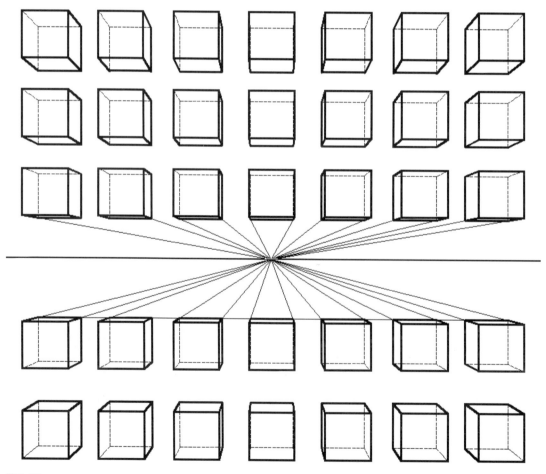

图3-17

两点透视训练：

可以设计高度方向某一角线与画面重叠，再自设两个灭点，灭点不一定按严格的流程求出，实际透视长度点也根据目测确定，进行如下的练习。如图3-18所示，通过不同视角，观察长方体的变形规律。

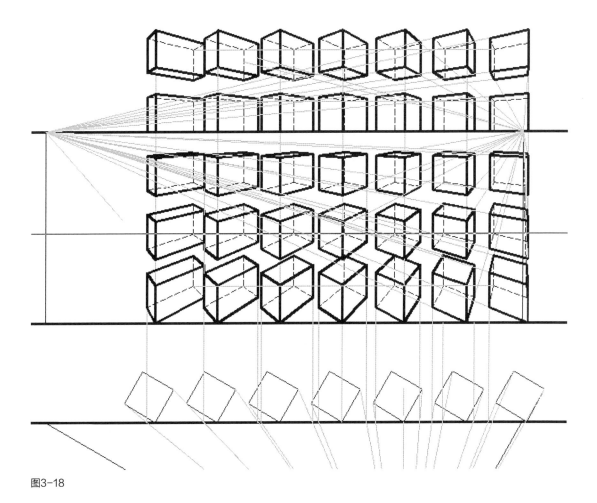

图3-18

3.5.2　透视的初级练习

当严谨的基础透视练习达到一定数量，对透视的理解和绘制手感达到一定程度的时候，可以进一步徒手绘制一些简单的透视体。以简单的长方体透视为基础，在长方体上切割，以简单的长方体及其简单切割或简单组合为主要内容进行徒手透视训练。训练时，也可以自己设计一些长方体及其简单切割或简单组合方案，可以先画出平面草图，在平面草图的基础上画出立体草图，如图3-19和图3-20所示。

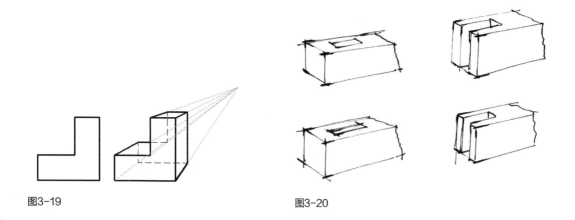

图3-19　　　　　　　　　　　　　　图3-20

3.6　家具透视快速表现基础练习

透视初级练习训练到一定程度后，对透视有比较深刻的理解，对简单几何体、简单组合体的徒手表达达到一定程度的熟练后，可以进行较为复杂的几何体切割练习。如图3-21至图3-26所示。

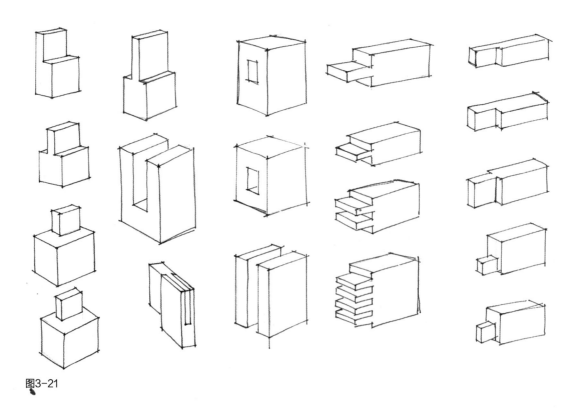

图3-21

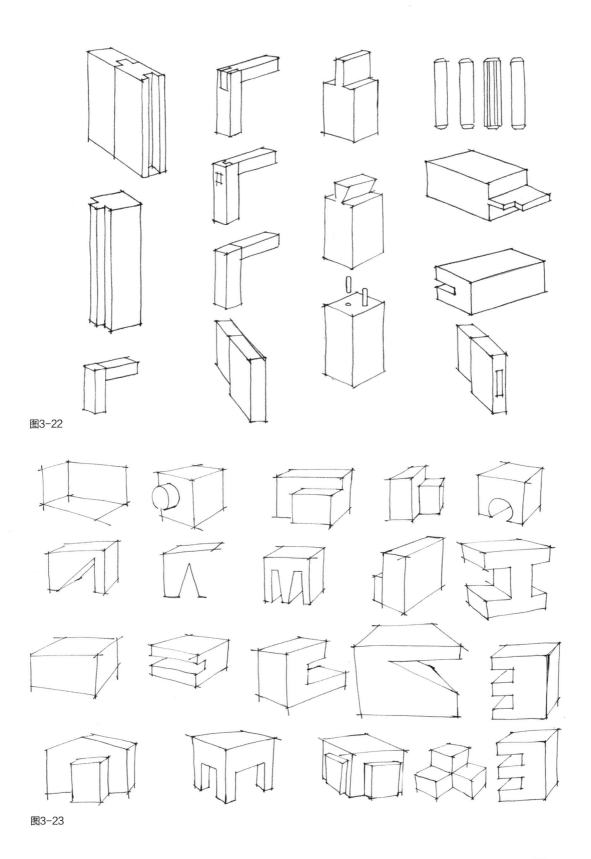

图3-22

图3-23

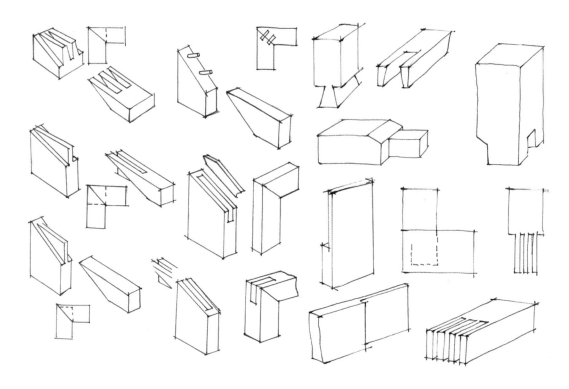

图3-24

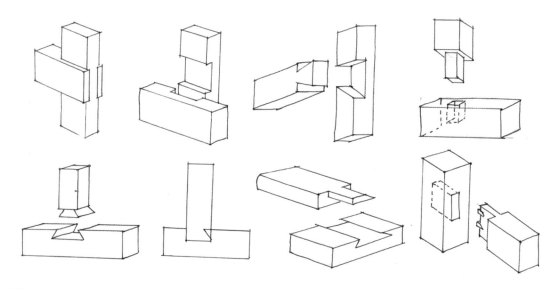

图3-25

图3-26

当能熟练地运用透视方法徒手表现各种切割体后，可以运用训练的感觉和技巧徒手绘制切割类型的家具，如图3-27至图3-30所示。

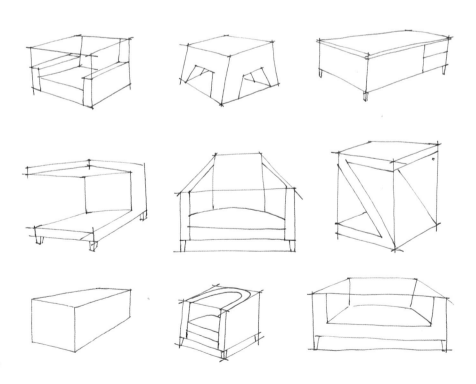

图3-27

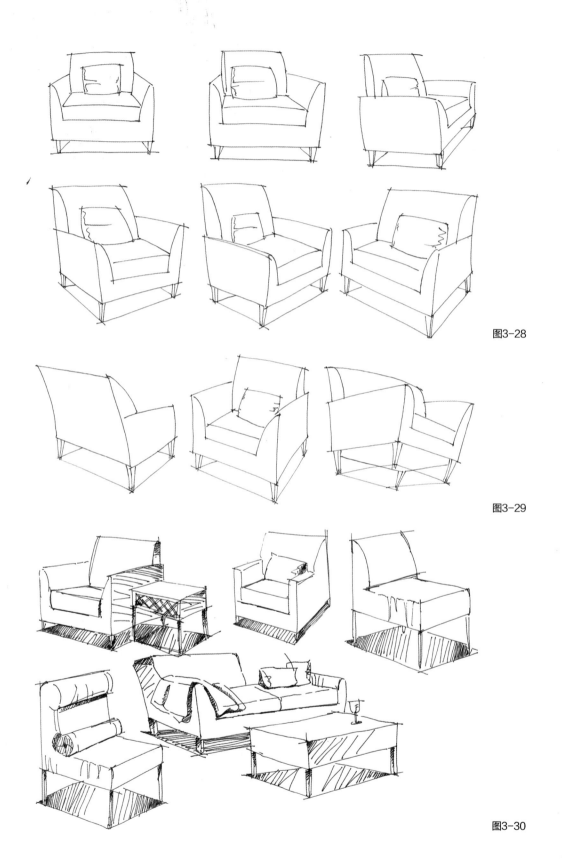

图3-28

图3-29

图3-30

4

马克笔与彩铅的
表现技法

4.1 马克笔的表现技法

4.1.1 马克笔的特性

马克笔可分为水性、油性、酒精性三类。水性马克笔色彩、笔触都较鲜明，但色彩覆盖能力弱，多次叠加后会导致色彩浑浊，而且容易伤纸，不宜多次修改、叠加，可以结合彩铅、水彩、水色等工具进行使用；油性马克笔快干、耐水、有光泽感，在纸上反复描绘仍可保持纸张平整，笔触衔接自然；酒精性马克笔色彩透明、快干，无论在何种纸张上都不会溶解复印墨粉，颜色可自由混合，可根据不同需要更换笔头。

马克笔的笔头形式多样，如图4-1所示。不同的笔头可以勾画出不同的线条。马克笔的颜色不易修改，所以要确定用色之后再下笔。

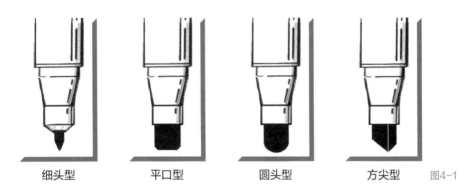

| 细头型 | 平口型 | 圆头型 | 方尖型 | 图4-1 |

4.1.2 马克笔的笔触练习

马克笔表现技法的具体运用，最讲究的是运笔笔触，它的运笔一般分为点笔、线笔、排笔、叠笔、乱笔等。

点笔，多用于一组笔触运用后的点睛之处；线笔，可分为曲直、粗细、长短等变化；排笔，指重复用笔的排列，多用于大面积色彩的平铺；叠笔，指笔触的叠加，体现色彩的层次与变化；乱笔，多用于画面或笔触收尾，形态往往随作者的心情所定，也属于慷慨激昂之处，但要求作者对画面有一定的理解与感受。在进行运笔练习时，下笔应干脆果断，不要过于拘谨。如图4-2和图4-3所示。

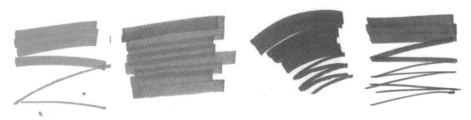

图4-2

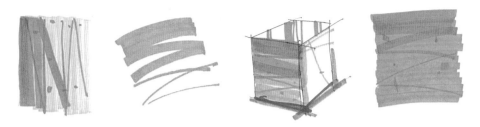

图4-3

4.1.3 马克笔的上色方法与技巧

（1）马克笔的握笔

马克笔的握笔和学习用钢笔和圆珠笔的握笔姿势基本相同，如图4-4所示。

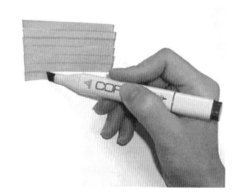

图4-4

（2）马克笔的常用上色方法

马克笔的常用上色方法有四种：并置、重置、叠彩、渐层，如图4-5所示。并置，运用马克笔并列地排出线条；重置，运用马克笔组合同类色的色彩，排出渐变的线条；叠彩，运用马克笔组合不同的色彩，表现出色彩变化的排线；渐层，运用相似渐变色马克笔组合渐变画出线条，色彩之间过渡区可轻度融合。如图4-5所示。

| 并置 | 重置 | 叠彩 | 渐层 |

图4-5

（3）马克笔的上色技巧

第一，使用辅助绘图工具时，如尺子，要使用有凹槽的尺子且使凹槽面与纸面接触，可避免色笔晕开，用笔时，笔头紧贴纸面且与纸面成45°。如图4-6所示。

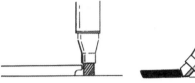

图4-6

第二，画圆或转角时，笔头应随着曲线方向转动或者分段衔接，如图4-7所示。

图4-7

第三，两种颜色的马克笔重叠时会产生新的颜色，例如黄色和蓝色叠加会产生绿色，如图4-8所示。

第四，要在某一区域上第二层颜色时，可在第一层颜色干后2~3min再画，这样会产生一个暗值（见图4-8）。

第五，可以用纸片或者卡片当作蒙片或覆盖层，以产生平整的边界。

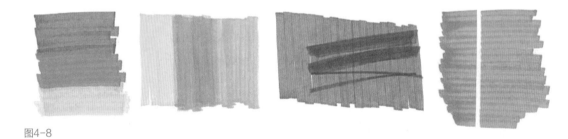

图4-8

第六，运用马克笔时要敢于下笔，体现马克笔的绘画张力，注意行笔的方向，用笔要随形体走，方可表现形体结构感。

第七，着色时应由浅至深画出画面大的色彩关系，颜色在使用中重叠部分不宜太多，必要的时候可以少量重叠，以达到更丰富的色彩效果。

第八，需要把握好整体色调，太艳丽的颜色不能使用过多，如图4-9所示。

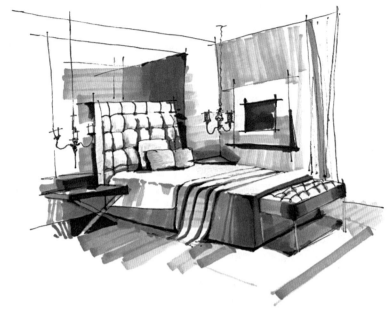

图4-9

　　第九，马克笔的颜色纯度比较高，如果画面涂得太满，就会失去真实感。上色的时候应适当留白，给画面留出高光和"透气"的地方，强调物体受光状态，使画面生动，强化结构关系，如图4-10所示。

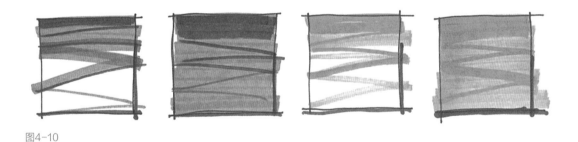

图4-10

　　第十，最后可以采用重色表达画面暗部和采用较中性的暗色统一暗部，使画面沉稳得体、颜色统一。

4.2　彩铅的表现技法

4.2.1　彩铅的特性

　　彩铅因与铅笔的性质相近，所以在彩色媒介中是较易掌握的一种，由于携带方便、使用简单、表现效果好，备受设计师的喜爱，是目前较为流行的快速技法之一。彩铅分为水溶性和油性两种。这两种彩铅的区别是水溶性彩铅可以在涂画后用毛笔蘸水画出水彩的效果，表现出来的画面效果有种薄薄的、粉粉的感觉；油性彩铅是徒手绘画的好工具，表现出来的画面效果有油油、亮亮的感觉。水溶性彩铅就好比是涂料，油性彩铅就好比是油漆。

彩铅画，是一种介于素描和色彩之间的绘画形式。它的独特性在于色彩丰富且细腻，可以表现出较为轻盈、通透的质感。在表现一些特殊肌理时，如木纹、织物、皮革等肌理，均有独特的效果。如图4-11所示。

图4-11

4.2.2 彩铅的常用上色技法

彩铅常用的上色技法，包括平涂排线法、叠彩排线法、水溶退晕法等几种手法，如图4-12所示。

第一，平涂排线。运用彩铅均匀地排列出铅笔线条，要注意线条的方向，要有一定的规律，轻重也要适度，达到色彩一致的画面效果。

第二，叠彩排线。运用彩铅排列出不同色彩的铅笔线条，各种色彩可重叠使用，画面较丰富。

第三，水溶退晕。利用水溶性彩铅溶于水的特点，将彩铅线条与水融合，达到退晕的画面效果。

图4-12

4.2.3 彩铅的上色技巧

第一，着色力度。在运用彩铅作画时，着色力度越重颜色越深，着色力度越轻颜色越浅。着色力度的轻重会使画面色彩的明度和纯度发生变化，带出一些渐变的效果，形成多层次的表现，如图4-13所示。

第二，搭配用色。用色上尽量选择深浅不一的近似色和同类色搭配表现，颜色切忌太花、太杂，否则画面会显得脏乱而不整体。如图4-14所示。

图4-13

图4-14

　　第三，着色顺序。彩铅色彩具有半透明的特点，所以应该按照先浅色后深色的顺序层层覆盖，不可急进，否则画面容易深色上翻，缺乏深度和层次感。在控制色调时，可用单色先笼统地罩一遍，然后逐层上色后向细致刻画。

　　第四，笔触统一。在排线平涂的时候，笔触要统一，注意线条的方向，要有一定的规律，轻重也要适度一致，不能时轻时重，否则会显得杂乱无章。

　　第五，运笔方法。运用笔尖和笔侧可以表现出粗细不一的线条，需要粗的时候用笔尖已经磨出来的棱面来画，需要细的时候用笔尖来画，就可以粗细掌握自如了。如图4-15和图4-16所示。

图4-15

| 运用笔尖 | 运用笔侧 |

图4-16

　　第六，纸张的选用。选用不同质感的纸张会影响画面的风格，在较粗糙的纸上用彩铅会有一种粗犷豪爽的感觉，而用细滑的纸会产生一种细腻柔和之美。在纸张厚度选择上，最好是选择有一定厚度的纸张，因为后期可以用砂纸和小刀刮出细小的亮部细节。

　　第七，颜色渐层的画法。可利用柔软的卫生纸或棉花棒将绘于画纸上的笔触抹平，呈现晕染渐层的效果，要是使用水溶性彩铅的话，画渐层的方法跟水彩一样。如图4-17和图4-18所示。

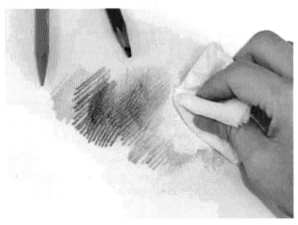

图4-17

图4-18

5

物体的明暗及
阴影的表现

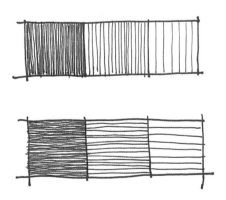
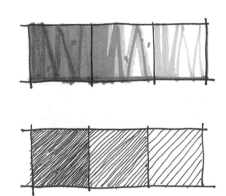

光线的照射使物体表面产生明暗变化，并在地上产生阴影。光与影是手绘表现的重要形式，它在表达物体的色彩、体积、空间感等方面有着其他形式不可替代的作用。物体在光线的照射下，受光强弱不同产生了明暗层次，形成了黑、白、灰的关系。在家具手绘的过程中就需要我们运用线条和色彩表现出光影的对比关系，让我们所绘制的家具产品从平面到立体。

5.1　光源的类型

实际生活中，物体所受的光照往往是复杂而多变的，除了直接光源的照射外，还受到间接光照的影响。物体受到光线照射后，会吸收一部分光线，反射另一部分光线到周围物体上，所以实际生活中的每一个物体又是一个间接光源，形成复杂的光照关系，便于观察和深入研究光线与明暗变化的规律，以及光线对家具固有色产生的影响。手绘表现中常见的光源有自然光源（日光）和人工光源（灯光）两种，这两种光源形成的光影是不同的，如图5-1和图5-2所示。

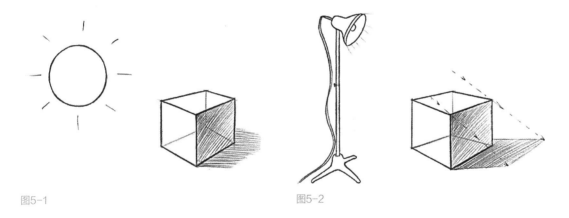

图5-1　　　　　　　　　　　　　　　　　　　图5-2

5.2　光源的照射角度

光线投射的角度不同，物体形成的阴影效果以及明暗效果不同，如图5-3和图5-4所示。

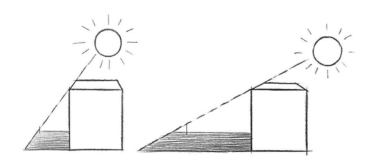

图5-3

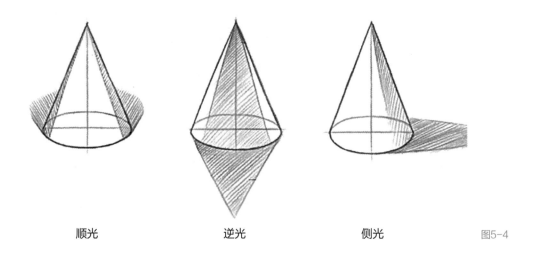

顺光　　　　　　　　　逆光　　　　　　　　　侧光　　　　　　　　图5-4

当光源离物体近时，物体所产生的阴影相对较小。当光源离物体远时，物体所产生的阴影相对会变大。物体离光源远，角度小，投影也小。物体离光源近，角度变大，投影也相应变大。如图5-5所示。

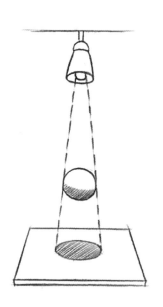
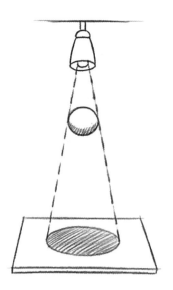

图5-5

5.3　光影与形体

在光线的照射下，物体表面根据光照不同可分为受光部分、背光部分、阴影等光影层次，但无论光源的强弱、远近、角度发生怎样的变化，也只能改变物体的明暗色调，却不能改变物体的明暗结构。在光影明暗的认识和表现方法上，要坚持从形体结构出发，着眼于形体结构的塑造和表现。

以正方体的光线和投影为例。光源在物体的上前方照射时，物体的亮面占据了大部分的面积，灰面的面积少，暗面更少。这时只能看到小部分的阴影，层次感不是很强，如图5-6所示。

光源在物体的正后方时，暗部占据了大部分的面积，亮面与灰面减少，物体色调显得深而暗，层次相对单调，如图5-7所示。

光源在物体的左上方或者右上方时，物体的亮面、灰面、暗面分布比较均匀，投影自然，层次分明，比较容易表现，如图5-8所示。

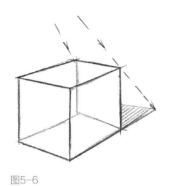
图5-6

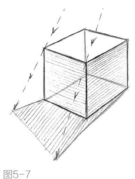
图5-7

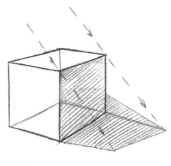
图5-8

以球体的光线和投影为例。球体表面光滑，无论光线从哪个角度照射，球体的投影总是呈圆形或者椭圆形，如图5-9至图5-11所示。光线照射角度的不同，投影的大小也会有各种各样的变化；而投影不能都画成一片黑色，也要有浓淡、虚实变化，把握好投影的变化才能使球体的表现更加生动、形象。

图5-9

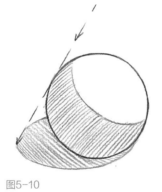
图5-10

图5-11

5.4　三大面、五大调

（1）三大面

三大面是指物体受光、背光和反光部分的明暗度变化面，以及对这种变化的表现方法。三大面在黑白关系上也不是一成不变的，亮面中也有最亮部和次亮部的区别，暗面中也有最暗部和次暗部的区别，同样灰面中也有深灰和浅灰的区别。这就要求我们在明确三大面的基础上再进行细分，直到能够准确无误地反映出物体的形体特征。如图5-12所示。

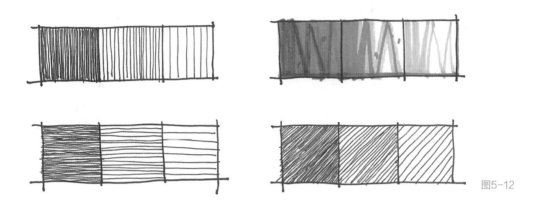

图5-12

（2）五大调

五大调是指在三大面的基础上详细划分出的五个调子。五大调包括亮调子、灰调子（中间调子）、明暗交界线、反光和投影。在家具手绘表现中明确地表现产品的五大调，有助于表现物体的立体感、质感，有助于体现画面的空间感和层次感。

6

材质的表现

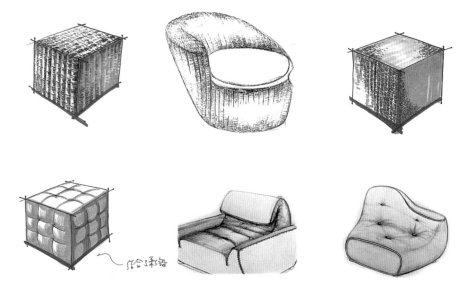

6.1 木材及其表现

　　木材装饰包括原木和仿木质装饰，有亲和力，加工简易、方便。由于肌理不同，木材种类也是多样，单黑胡桃同类的木材色泽和纹理也不尽相同，有的黑褐色，木纹呈波浪卷曲；有的如虎纹，色泽鲜明。具体绘图时，应注意木材色泽和纹理特性，以提高画面真实感，不能仅以墨线表现，还要以点绘或勾线方式区分。木材也有亚光和亮光两种，亮光面的镜面质感通常是借助不同色差的马克笔竖向排线来实现，如图6-1所示。

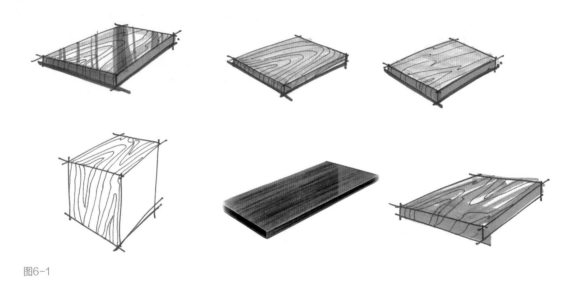

图6-1

6.2 织物及其表现

　　织物有着缤纷的色彩、柔软的质地，但织物表面为亚光，因此要减弱光感的表现。可运用轻松、活泼的笔触表现柔软的质感，与其他硬材质形成一定差异，织物效果表现富有艺术感染力和视觉冲击力，能调节画面色彩与气氛，如图6-2所示。

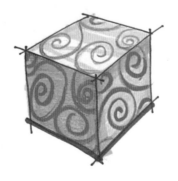

图6-2

6.3　金属及其表现

不锈钢、铜板、铝板等金属装饰在现代家具设计中应用广泛。金属家具能丰富材料视觉效果、烘托室内时尚气氛，要注意金属的镜面反射，以点绘和勾线等方法表现高光、投影与光泽，如图6-3和图6-4所示。

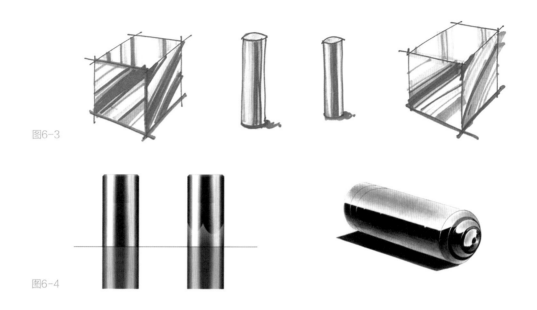

图6-3

图6-4

6.4　玻璃及其表现

家具设计中玻璃材质有其特有的视觉效果，不仅透明且对周围有映照。画面要表现透过玻璃看到的物体，还要画些疏密得当的投影线条表示玻璃的平滑与硬朗，利用底色或纸色（中明度或低明度色纸）作为中间层次，直接表达高光和投影部分，以及少量的亮部和暗部，如图6-5所示。

图6-5

6.5　藤及其表现

　　藤质家具在表现过程中应根据藤条排列的规律表现出肌理效果。在线条的表达上应按照物体本身的排列顺序细致刻画，藤条的纹理表现既不能太乱，也不能过于平均，否则会显得死板。应根据光源关系表现出有疏有密、有多有少、有明有暗的肌理效果。有些暗面或者亮面的地方可适当省略掉一些细节，概括一些，不一定要每一个地方、每一根藤条都表现出来，这样才能表现出家具的虚实关系，如图6-6所示。

图6-6

6.6　石材及其表现

　　在家具用材中，选用大理石和木材结合的比较多，因为大理石有天然而丰富的纹理和色泽，硬度也较高，装饰效果较好。在表现大理石时，首先要画出大理石的纹理，同样是要注意疏密关系，线条要有轻重之分，尽量显得自然而不平均化。有些纹理用马克笔不太好表现，可用马克笔铺大色，结合彩铅表现出纹理，大理石表面的光泽度也可以用马克笔表现出来，如图6-7所示。

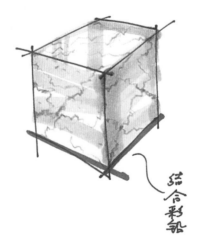

结合彩铅

图6-7

6.7　皮革及其表现

皮革材质是软体家具中的常用材质，一般为软质面材，表面甚至有自然的纹理，主要靠粘贴、线缝合形成不同的造型。在表现皮革材质产品的时候，主要是通过皮革本身的固有色、皮革纹理、皮革上面的缝制工艺（一般在皮革形状的边缘有缝线）把皮革的特点表现出来。把皮革物体的缝线绘制出来，就是一个很明显的标志。说明这是一个皮革材质的物体，通常都会用这样的缝线作为标识，如图6-8所示。

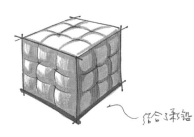  

图6-8

7

线稿的表现

7.1 手绘线稿概述

手绘的目的是将设计构思形态与结构完整地表现出来。手绘线稿形态表现直接明了、绘制便捷。因此，利用线条将家具构思方案视觉化是家具、景观、室内等各类艺术设计专业从业人员常用的表达手法，也是他们必须具备的专业基础能力，如图7-1所示。

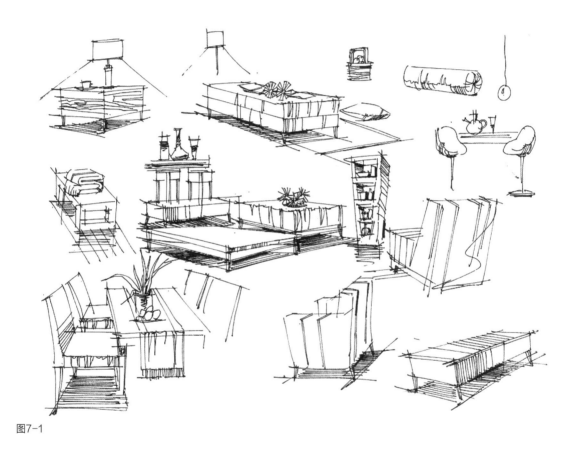

图7-1

7.2 家具手绘线稿分类

7.2.1 草图型家具手绘线稿

草图型家具手绘线稿主要用于家具产品开发的构思阶段。目的是在最短的时间内记录脑海中闪现的各种家具形态与可用元素，捕捉各种设计火花，尽可能多地表现出设计师思考的各种家具方案与可发展元素，不断寻找设计的突破口与切入点。草图型手绘线稿的目的就是记录设计思维的火花，最快地把这些思维的闪光点逐步形成初步设计创意线稿。然后在这些手绘线稿草图中挑选最优的、潜力大的构思方案与设计元素。草图型家具线稿手绘要求以造型的掌握与表现为重点，快速明了，元素清晰，比例尺度基本准确，以设计师自己能理解为主，有点类似于开会讲话中速记。如图7-2至图7-5所示。

图7-2

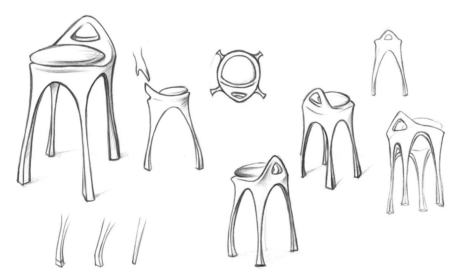

图7-3

图7-4

图7-5

7.2.2　表现型家具手绘线稿

　　表现型家具手绘线稿用于家具设计的概念深化与优化阶段。家具设计是一个由设计构思到设计方案、评估筛选、逐步展开、逐步优化的过程。在找到有创新价值和发展潜力的设计元素后，需要不断用更新的、更加完整的草图，将设计构思以深入、准确、优化为目的，对设计思路进行修改、归纳、提炼。表现型家具手绘线稿与草图型家具手绘线稿相比，前者要求透视更加准确，有线条疏密表现明暗阴影，形态表现更加细腻，细节描绘更加丰富，如图7-6至图7-9所示。

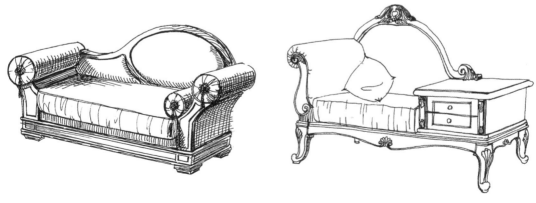

图7-6

图7-7

图7-8

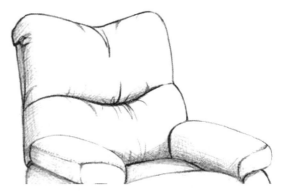

图7-9

7.2.3 精细型家具手绘线稿

"精细"就是精巧细密，也可以说是精美细致。精细型家具手绘线稿也就是用精美细致的线条完美地表现家具形态、结构与细节。精细型家具手绘线稿对线条、形体、构图、明暗、反射、模糊、质感、肌理等都有较高的要求，版面也要求完整、严谨。要完成精细型家具手绘线稿，需要的时间也比较长。精细型家具手绘线稿要求绘制人员不但要有扎实的基础，还要有美术鉴赏素养，以及高水平的表现力。示例见图7-10和图7-11。

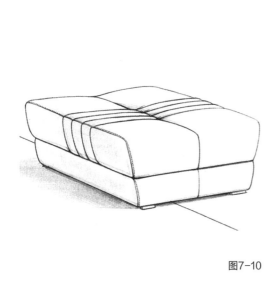

图7-10

图7-11

一个优秀的设计师一定有一个自己的资料素材库（见图7-12和图7-13）。充足的素材对于激发设计师的灵感有很大的促进作用，对于提高设计师水平，在产品开发过程中博采众长也非常有意义。以手绘稿的形式记录素材，有利于设计师加强对素材的思考，并强化素材形态结构等要素在设计师脑海中的印象，同时各种印象深刻的要素在设计师思维中相互碰撞，可激发设计师灵感，提高设计师构思速度与水平。

图7-12

图7-13

7.3　家具手绘线稿相关要素

手绘线稿是设计师产品开发表现的起点。线稿表现的水平、质量直接影响设计方案的表现效果，甚至影响方案的成功与否。有些设计师由于表现水平欠缺，眼高手低，或表达不清意图，原本脑海中的优秀构思方案表现出来南辕北辙，导致设计构思方案无法继续而中途"流产"，天才般的设计方案"胎死腹中"。手绘表现除了扎实的基本功，构图、线条运用、透视、比例、尺度等都与手绘线稿的质量有着很大关系。

7.3.1　构图

构图决定手绘线稿的整体效果，构图的科学、合理能烘托家具的气质与意境。构图需要主次分明，家具主要部件的造型重点、家具的视觉中心与画面的中心点基本一致。除此之外，还需要注意应考虑通过透视图重点要表现哪些部分，达到什么样的效果；然后选定画面与物体的夹角，选定视中心线、视距和视高。

众所周知，透视图就是通过画面尽可能逼真还原设计构思的产品，所以视高的选择要尊重现实，符合实际人们观察产品时眼睛所在高度。一般按人体眼睛的高度来选择视高，约

1~1.5m。视高的选择要避免以下三种情况：

视高等于家具高度，家具上表面产生积聚效应使透视图缺乏立体层次感，如图7-14（a）所示。

视高过高，会使正面和侧面由于相对于顶面缩小而失真，如图7-14（b）所示。如果视高过高，加大视距可以缓解失真。

视高偏低，类似于眼睛紧贴地面，家具外观给人以建筑感，如图7-14（c）所示。不符合视觉习惯。

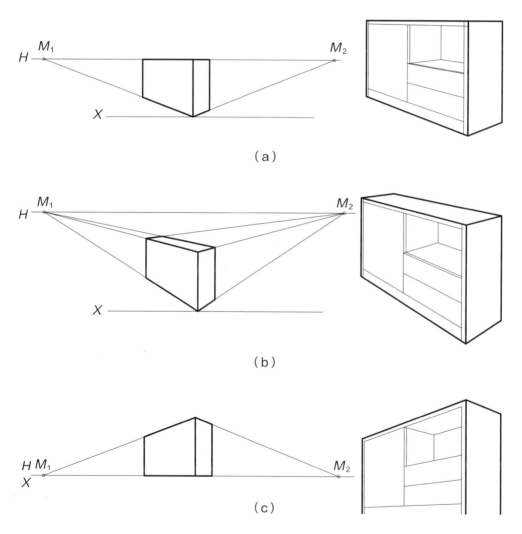

（a）

（b）

（c）

图7-14

选择视高时，为了表达某些特殊的效果，可以适当降低或提高，见图7-15。降低视平线可显得物体高大；提高视平线，可使地面显得比较开阔，室内家具一览无余。但应避免过高或过低，否则将导致透视图失真或产生积聚性，影响透视形象。

图7-15

7.3.2　画面偏角的选择

在选择画面与物体的角度时，应注意要表现物体的全貌，注意反映物体的主要立面，比例要适当，各部分要表达清晰。图7-16（a）为茶水柜平面图，（b）（c）（d）是茶水柜正面与画面的不同夹角的透视图。从图可以看出：偏角越小，则该立面水平方向的灭点就越远，该立面反映的也越多，正面形象越高，同时侧面将越小。偏角越大，则该立面水平方向的灭点就越近，变形也越大。

一般偏角的选择，应使透视图与实际物体的尺寸大致一致。通常选用15°~45°，常用30°，但角度选择应注意避免家具前腿与后腿重叠。

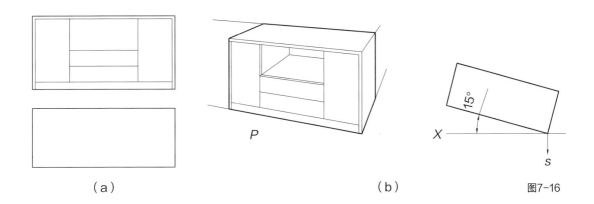

（a）　　　　　　　　　　　　　　　　　（b）　　　　　图7-16

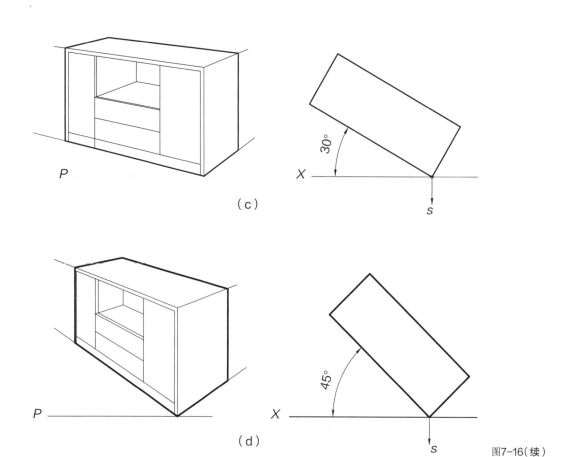

（c）

（d）

图7-16（续）

7.3.3 画面方位的选择

画面方位的选择对家具的透视效果尤为重要。若选择不当，可能使一些需要表现的部分而且是重要的造型部分由于内凹或低矮而被凸出的物体或较高的部位所遮盖，如图7-17（a）（b）（c）所示。画面选择的原则[见图7-17（d）]：

①内凹的部位应该选择离视点较近。

②高度较低的部位应该考虑选择离视点近。

③正面偏角不能太大。

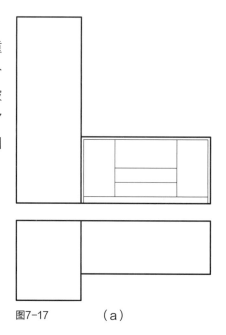

图7-17 　　（a）

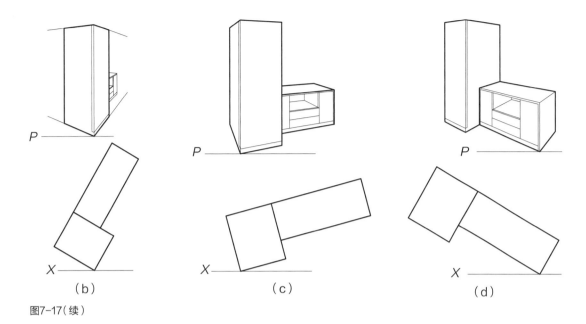

图7-17（续）

7.3.4 视距对透视的影响

当画面位置不变、视点作前后移动时，透视图为近大远小，但是视距过小，物体透视会产生失真现象。图7-18是衣柜在不同视距时的透视图。

可以看出，视距过小，锥化过于严重，图形失真，如图7-18（b）所示；视距过大，则立体趋向平面化，如图7-18（d）所示。到底多大的视距可使物体透视符合人们的视觉习惯？

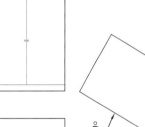
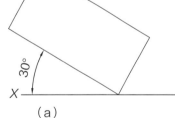

（a）

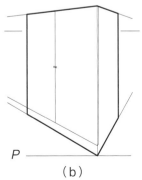

（b）

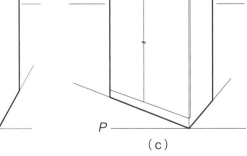

（c）

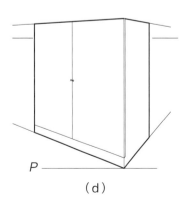

（d）

图7-18

因为透视在图像上面最终表现为近大远小。人眼的视野范围一般看成是以视点为顶点，锥顶角为正圆锥，称为视锥。它与画面的相交圆称为视域，视锥的顶角称为视角，如图7-19（a）所示。视角通常被控制在60°以内，以30°~60°为佳，大于60°时就会使透视图产生畸变而失真。一般选择视点至画面的距离为1.5~4m。当然，画图要根据家具大小、高矮适当选择。

对一般家具来说，往往在垂直方向上能满足视锥角≤60°条件时，水平方向通常都不会越出正常视锥范围，因此确定视距就可按视高的倍数来计算，如图7-19（b）所示。设视高为h，则视距为$2h$时视锥角约为53°，说明即可以。常用视距是2~3h，3h时视锥角约为37°。

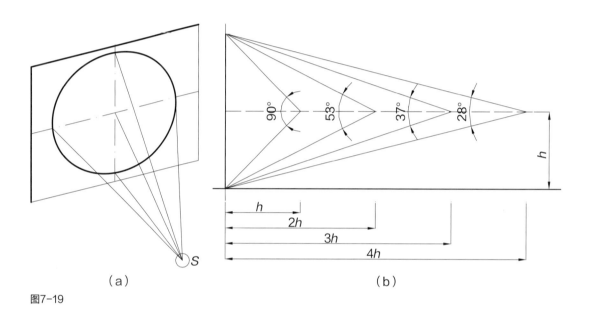

（a）　　　　　　　　　　　　　　　　（b）

图7-19

7.4　线条的运用

不同的线条有不同的视觉与情感特征。线条的虚实、粗细、软硬等变化赋予家具不同的气韵与特质。合理选择不同特征的线条匹配各种类型的家具，是家具手绘线稿的重要特征。玻璃质感硬朗，但属于半阴半虚，此时的线条需要虚实结合；薄皮沙发、布艺等棱角不分明，边角柔和，此时一般采用细软的实线或虚线表现为主。对于质感粗犷的实木家具轮廓一般采用硬朗的实线，表面质感与肌理则采用粗线与细线结合来表现。

（1）比例与尺度

家具设计手绘要表现家具的造型与结构，手绘必须讲究合适的比例和尺度，这是功能的要求，也是形式美基本原则。按照合适的比例和尺度绘制家具才能表现出应有的设计效果。

（2）明暗

通过线条表现物体的明暗，可以丰富画面层次，增加图形立体感，使手绘图更接近现实，提高逼真程度，提高手绘图的美观性与真实感，便于对设计方案进行准确的评估与分析。

（3）层次性

手绘线稿要做到主次分明，家具的主要部件造型重点、家具的视觉中心要进行细腻刻画，结构、质感、肌理可以进行细致的表达。对于首先考量的整体形态的家具外轮廓，运用粗线条刻画；而对于表现材料细节的结构、质感、肌理等，运用细线条刻画。使整个画面虚实对比，层次分明，梯次明显。

7.5　手绘线稿练习的参考作品

手绘线稿练习注重以下几点：

①布局合理，图像在纸面的位置要合理，图形大小与图纸大小比例要恰当。

②合理选择视距、视高、偏角等透视要素，避免家具变形失真，与现实习惯视觉感受差距过大。

③下笔之前确定表现重点，先画整体轮廓，再刻画细部。

④注意线条运用的层次变化，以及线条的张力与绘制的快慢。线条应用要灵活并富有变化。

⑤注意阴影部分光源类型与方向，应用线条疏密表现阴影层次。

练习参考作品如图7-20至图7-50所示。

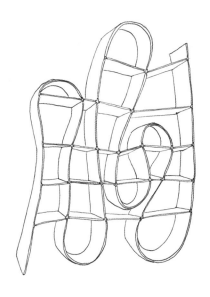

图7-20

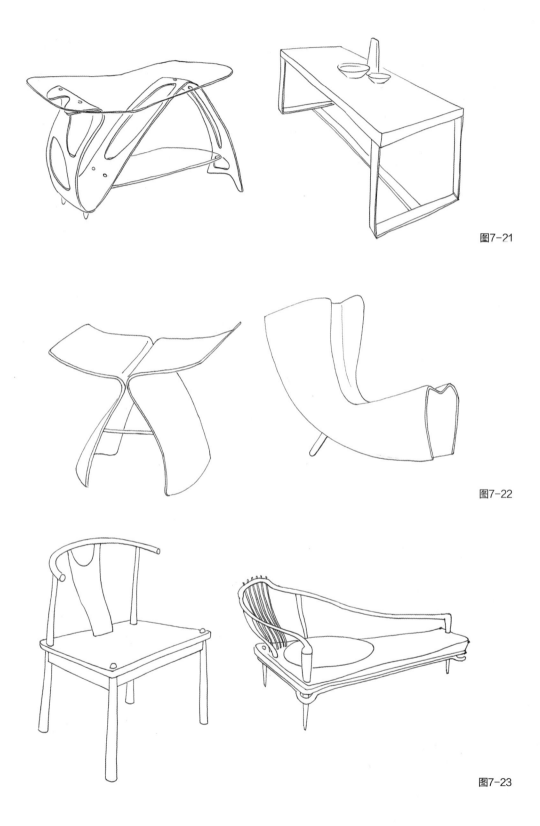

图7-21

图7-22

图7-23

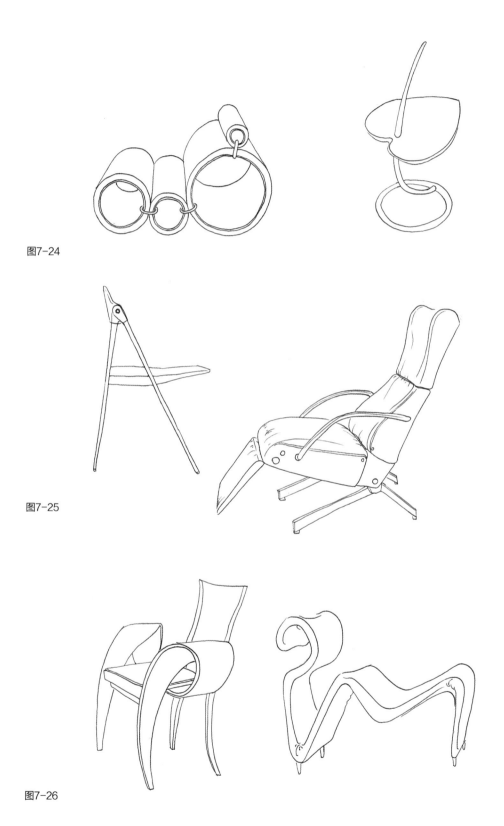

图7-24

图7-25

图7-26

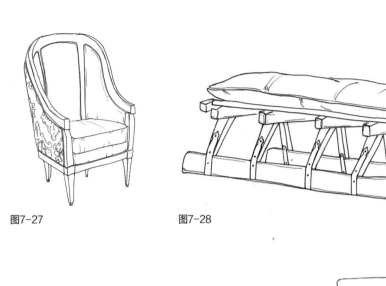

图7-27　　　　　图7-28

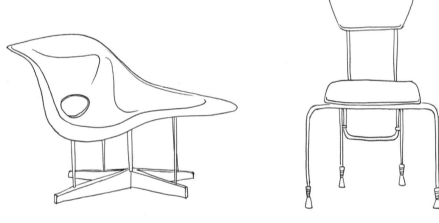

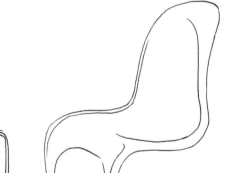

图7-29

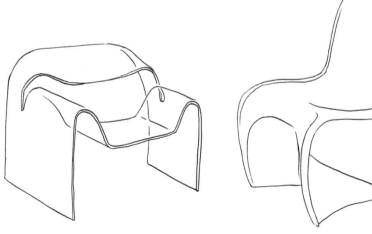

图7-30

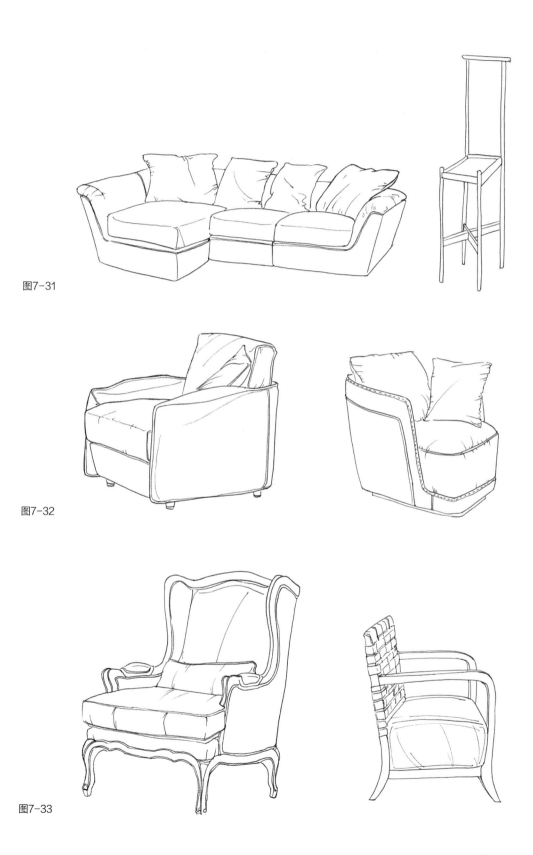

图7-31

图7-32

图7-33

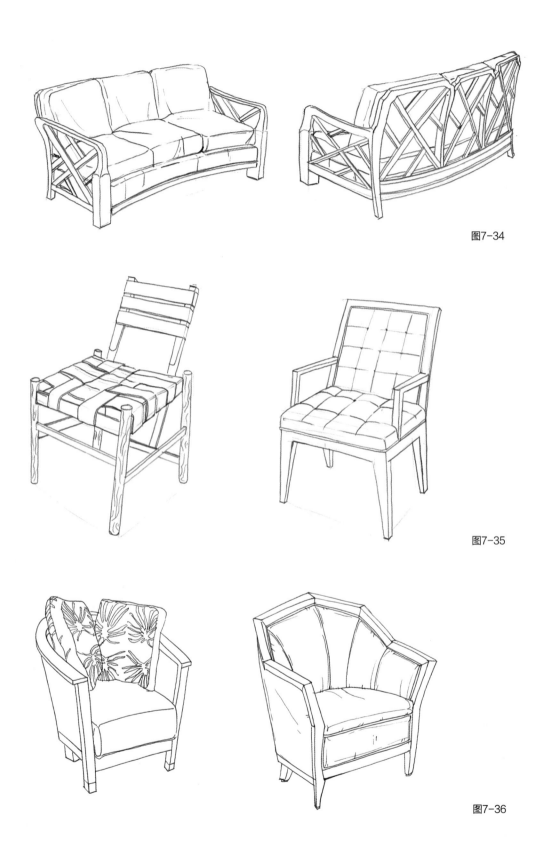

图7-34

图7-35

图7-36

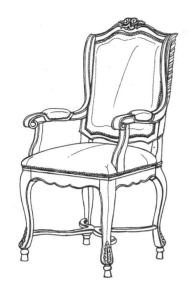

图7-37

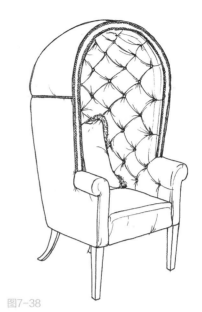

图7-38

图7-39

图7-40

图7-41

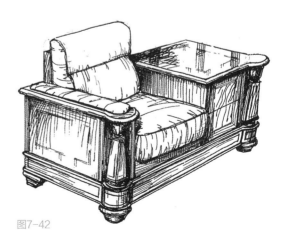

图7-42

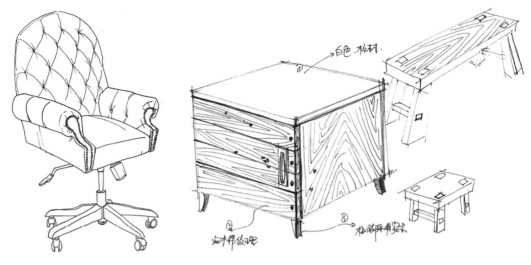

图7-43

图7-44

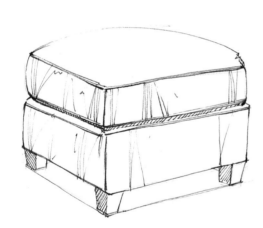

图7-45

图7-46

图7-47

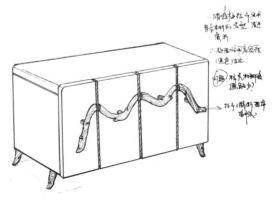

图7-48

图7-49

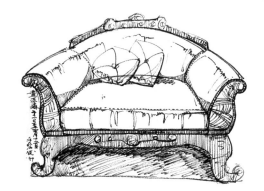

图7-50

8

家具设计马克笔手绘图
案例详解

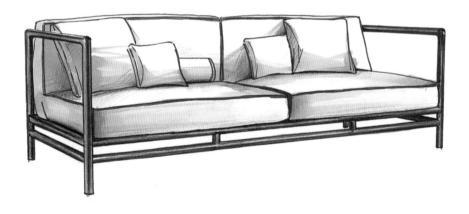

8.1 马克笔手绘图概述

家具设计手绘彩图的基础是线稿，线稿就是在空白纸上以线条长短、虚实、疏密、深淡、张弛灵活流畅地勾勒出家具的形态、结构、质感、色彩、肌理。合理准确的透视是家具设计手绘线稿的重要基础。合理准确的透视不但可以使家具形体更加逼真、写实，表现物体的大小比例，而且关系到家具形体部件以及各组成部位之间的距离、位置关系是否与实际构思一致，避免产生家具形态变形、结构比例失准的情况。可以说，正确的透视关系是家具线稿图良好的基础。

对于初学者，不打底稿，直接一气呵成地画出家具轮廓线条与细节线条，然后上色，这种操作手法有点难度。初学者，可以首先用铅笔绘制透视底稿，然后在初稿的基础上描绘家具轮廓透视线稿，再上色。

8.2 马克笔手绘图基本步骤

（1）勾勒

用铅笔绘制浅细线条起稿，画出大致轮廓。一般初学者有些线条不能一步到位，画错或画得不到位的线条，可以用橡皮修整或重画。铅笔初稿完成之后，用水笔把轮廓线勾勒出来，勾轮廓线的时候要放得开，不要拘谨。由于有底稿，水笔勾勒轮廓线的时候有参照，错误较少，绘制线条可以大气流畅。除此之外，即使出现错误，后期马克笔上色也可以进行局部调整，盖掉一些出现的错误。勾勒出轮廓线之后再上马克笔，此时也是要放开，要敢画，否则家具形态画面显小气，缺乏张力。颜色，最好是临摹实际的颜色，有时根据情况可以夸张，突出主题，使画面有冲击力，吸引人。

（2）基本色

首先给整个家具定一个主色调。用选定色的马克笔由暗部向亮部涂一层渐变的基本色彩，此时一定要注意预留足够的高光区域。初学者犯的错误就是颜色上得太满，太死，导致整个表现图缺少高光。缺乏高光的手绘图色彩层次感差，无法形成适当的对比度，画面显得呆板生硬。

（3）重叠

颜色不要重叠太多，否则会使画面变脏。必要时可以少量重叠，以达到更丰富的色彩。太艳丽的颜色不要用太多。当然，封面或具有广告色彩的图形可以稍微多用。另外，画面个性要求较强的也可以多用艳丽色彩，但要注意色彩搭配，使画面统一和谐。马克笔没有的颜色可以用彩铅补充，也可用彩铅来缓和笔触的跳跃，彩铅加补过程中要注重笔触的协调。

8.3　单体沙发设计马克笔手绘图

8.3.1　线稿绘制

第一步：绘制与单体沙发长、宽、高一致的透视长方体铅笔线稿，一般以铅笔稿为基础，以便于初学者随时修改，如图8-1所示。

第二步：如图8-2所示，以透视长方体为基础，绘制单体沙发的初步线稿，注意部件之间的比例关系以及零部件的大小，此阶段建议初学者用铅笔徒手绘制。

第三步：对表现单体沙发的线条进行细节刻画，确认无误的线条进行再描加深，如图8-3所示。

图8-1

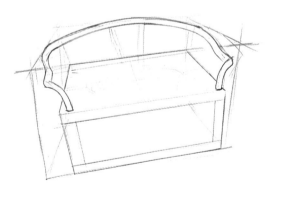

图8-2

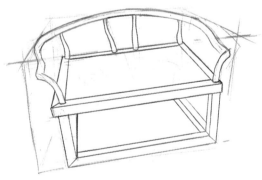

图8-3

第四步：擦去草稿线以及各种多余的线，如图8-4所示。

第五步：初稿修改完善并确认无误后，用水笔勾勒家具最终形态，外轮廓线适当加粗、加深，如图8-5所示。

图8-4

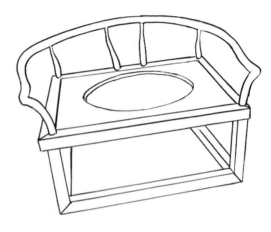

图8-5

8.3.2 线稿上色

根据个人习惯不同，马克笔上色有的从次要到重点，从一般到细节。无论整体还是局部，上色顺序都是由浅到深。

第一步：在线稿基础上，用浅褐色马克笔由暗部向亮部涂一层渐变的基本色彩，此时一定要注意预留足够的高光区域，尤其是椅圈扶手部分的高亮光区域，如图8-6所示。

第二步：用浅褐色马克笔叠加一层，此时，区域比第一次涂色区域缩小，主要叠加深色区域，初步形成颜色层次感，如图8-7所示。

图8-6

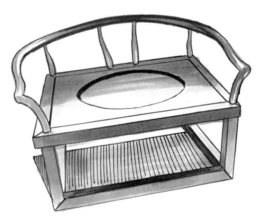

图8-7

第三步：用深褐色马克笔对背光区叠加一层，此时，高光、亮光形成明显对比，用中度灰进行阴影叠色，绘制阴影区域色彩，如图8-8所示。

第四步：完善细节，光线完全照不到的地方局部加黑，可以用白色提亮笔覆盖溢出到线外的颜色。对个别地方局部提亮，用褐色彩铅绘制木材纹理，丰富图形细节，补充座面纹理，使画面更加逼真、活跃，如图8-9所示。

图8-8

图8-9

8.4 休闲沙发设计马克笔手绘图

8.4.1 线稿绘制

对于初学者，需要用力度小的细线，一步一步按照透视基本流程绘制家具透视底稿。但是对于熟练的设计师而言，可以直接绘制线稿。这种直接绘制法最重要的在于线条的绘制，而线条的绘制基础又在于起笔。线条起笔直接影响到整个手绘的顺利程度，决定后续的绘制顺序，首根线条的起笔决定了透视的方向、视高、视距、偏角以及透视比例。起笔的顺序可以从左到右，从上到下，从前向后，当然也可反之。每个设计师有自己的习惯，线条绘制得心应手时完全可以不受任何限制。

第一步：用铅笔以轻力度浅色细线条绘制单体家具基本轮廓，绘制时若出现效果不如意之处，可多次擦拭修改，直到满意为止，如图8-10所示。

第二步：将较为满意的基本轮廓线条描深、描粗，如图8-11所示。

第三步：观察家具线稿形态，刻画转折交接面之间的细节，擦除多余不必要的碎线，如图8-12所示。

第四步：以铅笔线条底稿为基础，用针管笔描线，擦除铅笔底线，并在空白无线处擦除浅色铅粉，使整个家具线条清晰，画面干净，如图8-13所示。

图8-10

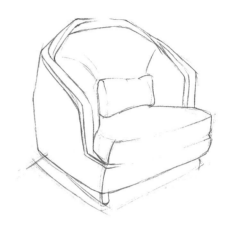

图8-11

图8-12

图8-13

8.4.2　线稿上色

第一步：在线稿基础上，用针管笔绘制家具地面投影与阴影，如图8-14所示。

第二步：用淡棕色马克笔在软包部分由暗部向亮部涂一层渐变的基本色彩。填涂色彩时，注意不能涂得过于均匀，同时一定要注意预留足够的高光区域，实木部分留白上其他色彩，如图8-15所示。

图8-14   图8-15

　　第三步：用淡棕色马克笔在需要表现深色的区域叠加一层。此时，区域比第一次涂色区域缩小，主要叠加深色区域，初步形成颜色层次感。实木圈架涂上橙色，注意颜色不要太满、太死，注意高光部分颜色稍浅，凸起棱角处留白，如图8-16所示。

　　第四步：用棕色马克笔在背光处、阴影处再次叠加一层，叠加不能太均匀，注意深浅的渐变，体现颜色的变化与阴影深浅变化基本一致。用针管笔在软包的边缘处描上线脚，刻画家具的细部细节，如图8-17所示。

图8-16   图8-17

　　第五步：用灰色马克笔在实木圈架背光处、阴影处叠加一层，叠加不能太均匀。用灰色马克笔涂绘阴影，如图8-18所示。

　　第六步：用白色提亮笔在转角处、棱角处压白色细线，丰富颜色层次，表现局部高光，如图8-19所示。

图8-18

图8-19

8.5 案例欣赏

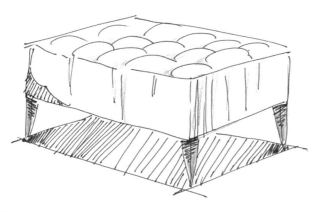

图8-20

图8-21

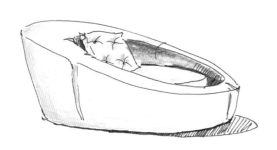

图8-22

图8-23

图8-24

图8-25

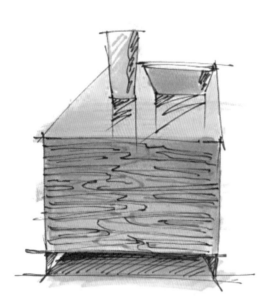

图8-26

图8-27

图8-28

图8-29

图8-30

图8-31

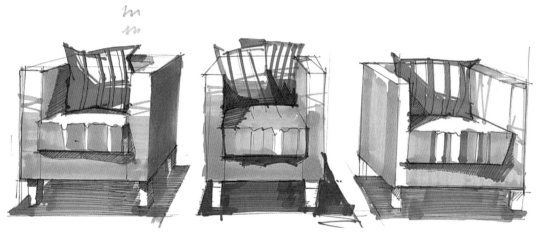

图8-32

图8-33

图8-34

图8-35

图8-36

图8-37

图8-38

图8-39

图8-40

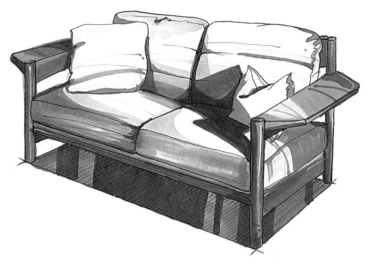

图8-41

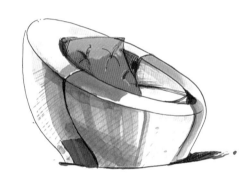

图8-42

图8-43

图8-44

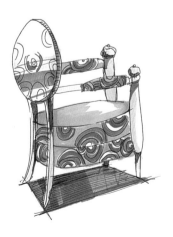

图8-45

图8-46

图8-47

图8-48

图8-49

图8-50

图8-51

图8-52

图8-53

图8-54

图8-55

图8-56

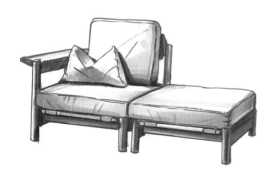

图8-57

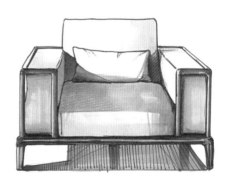

图8-58

图8-59

图8-60

图8-61

图8-62

图8-63

图8-64

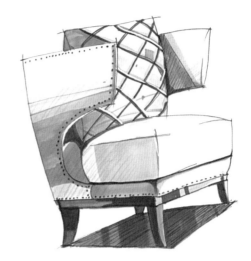

图8-65

图8-66

图8-67

图8-68

图8-69

图8-71

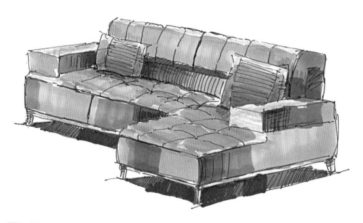

图8-70

图8-72

9

家具设计彩铅手绘图案例详解

9.1 彩铅手绘图概述

家具设计彩铅手绘图是在家具线稿基础上结合彩色铅笔绘制彩图的形式。特点是色彩丰富且细腻，清新淡雅，可以表现出较为轻盈、通透的质感。画面质感与马克笔有着截然不同的感觉，这也是其他工具、材料所不能达到的。只有充分利用了彩铅的独特性所表现出来的作品才算是真正的彩铅画。

和前面马克笔手绘图一样，家具设计彩铅手绘图的基础同样是线稿，优秀的家具设计彩铅手绘图需要有优秀的线稿图。具体要求不再详述，请参考前面章节。

9.2 彩铅手绘图基本步骤及上色技法

9.2.1 彩铅手绘图基本步骤

（1）轮廓勾勒

用浅色铅笔轻细线条起稿，对于轮廓的绘制，可参照素描的轮廓绘制方法，对不满意的地方和线条可以随时修补整理，然后用水笔把轮廓线勾勒出来。轮廓勾勒和前面马克笔手绘图的要求与技法基本一致，在此不再详述，请参考前面章节。

（2）上色

彩铅画的基本画法为平涂和排线，结合素描的线条来进行塑造。由于彩铅有一定笔触，所以，在排线平涂的时候要注意线条的方向，要有一定的规律，轻重也要适度。因为蜡质彩铅为半透明材料，所以上色时按先浅色后深色的顺序，否则会深色上翻。

（3）修改

物体的亮面和高光用橡皮或白色提亮笔进行处理。

9.2.2 彩铅手绘图上色基本技法

绘制家具设计彩铅手绘图，需要熟练掌握彩铅上色的基本技法，彩铅上色有下述三种基本技法。

（1）平涂排线法

运用彩色铅笔均匀排列出铅笔线条，达到色彩一致的效果。

（2）叠彩法

运用彩色铅笔排列出不同色彩的铅笔线条，色彩可重叠使用，变化较丰富。

（3）水溶退晕法

利用水溶性彩铅溶于水的特点，将彩铅线条与水融合，达到退晕的效果。

9.3　高靠背休闲沙发设计彩铅手绘图

9.3.1　线稿绘制

第一步：绘制与休闲沙发的长、宽、高一致的透视长方体线条稿，铅笔线用轻细浅色线条。一般以铅笔稿为基础，线条透视比例不准确或失调，可随时擦拭、修改、调整，如图9-1所示。

第二步：以透视长方体为基础，绘制单体沙发的初步基本轮廓，注意坐高、坐深、坐宽之间比例关系，注意部件的大小。此阶段建议初学者铅笔徒手绘制，如图9-2所示。

第三步：对表现休闲沙发的线条进行形态刻画。绘制实木框架、软包分割、坐垫软包、沙发后腿的形态。如图9-3所示。

第四步：擦去底稿铅笔多余的残线，并对细节进行绘制。绘制软包皮革的质感与肌理，确认无误的线条进行再描加深，如图9-4所示。

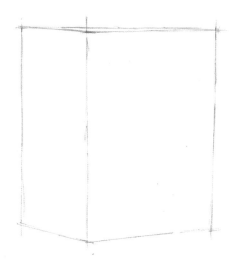

图9-1

图9-2

图9-3   图9-4

第五步：修改完善并确认无误后，用水笔深线描深、轮廓线描粗，如图9-5所示。

9.3.2　线稿上色

根据个人习惯不同，彩铅上色一般流程是从焦点部位到一般部位，从大概到细节。但是有一点是肯定的，即无论整体还是局部，上色顺序和马克笔一样由浅到深。

第一步：在线稿基础上，用棕色给沙发实木框架上色。浅浅涂一层，阴影处用深棕色稍微加深，颜色不能太均匀，局部可以留一些纸的本色做高光，如图9-6所示。

第二步：靠背用橙黄色，在软包部位浅浅涂一层，阴影处用橙色稍微加深，局部受光的高光区可以留空白做高光，如图9-7所示。

图9-5   图9-6

第三步：用深棕色对实木框架非高光区叠加一层，叠加区域比第一次涂色区域缩小，主要叠加深色区域，使实木框架初步形成适度对比，丰富木框架颜色梯度；同样的方法，用橙色对软包非高光区叠加一层，使实木框架初步形成适度对比，丰富软包颜色梯度，如图9-8所示。

第四步：完善细节。软包局部光线完全照不到的地方叠加橙色，坐垫正面、扶手下方的侧面用橙色渐变叠加一层。

图9-7

图9-8

第五步：对软包靠背、坐垫等视觉中心的部件再一次完善细节。非高光区再用渐变叠加一层，此时，区域比第一次涂色区域缩小，主要叠加深色区域，如图9-9所示。

第六步：绘制地面阴影，如图9-10所示。

图9-9

图9-10

9.4 案例欣赏

图9-11

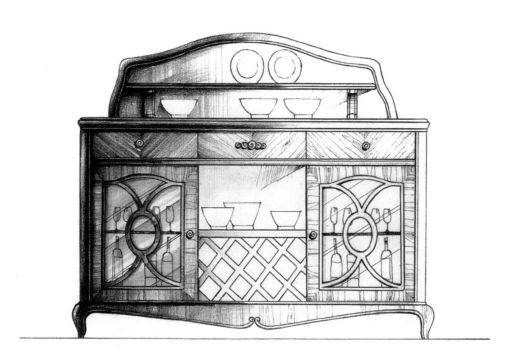

图9-12

图9-13

图9-14

图9-15

图9-16

图9-17

图9-18

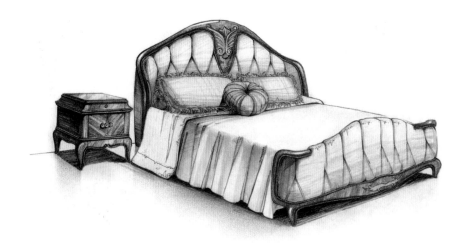

图9-19

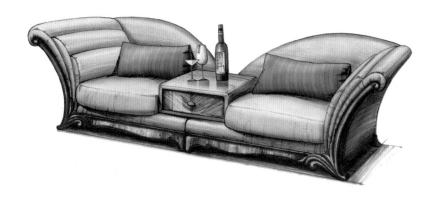

图9-20

图9-21

图9-22

图9-23

图9-24

图9-25

图9-26

图9-27

图9-28

图9-29

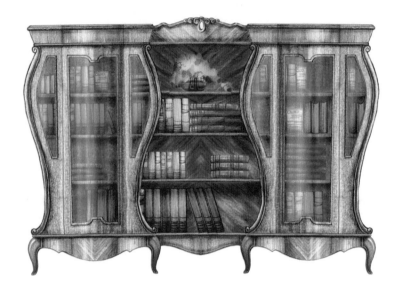

图9-30

图9-31

图9-32

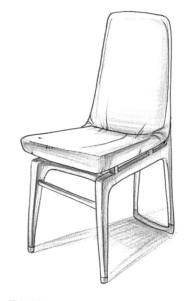

图9-33

图9-34

图9-35

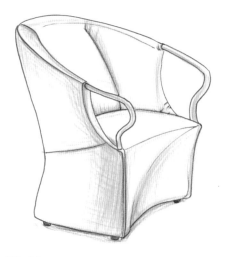

图9-36

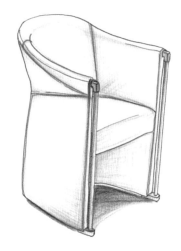

图9-37

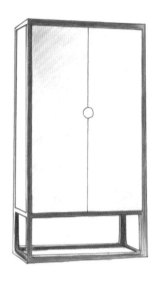

图9-38

图9-39

图9-40

10

家具新产品开发设计
手绘图案例

10.1　设计构思与手绘图

对于一个设计新手，掌握家具新产品开发设计与手绘草图的关系，了解手绘草图的基本流程，可以克服心理障碍。很多人有很多好的设计构思与想法，但是碍于面子，不敢动手画草图，不敢迈出第一步，天才般的设计构思也是"胎死腹中"。设计师需要了解设计构思初期的草图主要目的侧重于记录设计灵感，要克服不敢手绘草图的恐惧心理，掌握由简单、不美观的草图到精美草图的过程。草图简而言之就是设计之初，有了构思要第一时间记录下来。通过学习本章家具新产品开发设计构思手绘表现案例，掌握画好草图的基本方法，树立敢于徒手快速表现设计构思草图的信心。

图10-1

10.2   产品开发手绘草图三个阶段

在家具新产品开发中，很多人对家具设计手绘表达的认识存在两个误区：一是认为只要草图绘制水平高，在设计中就能得心应手地应用好手绘表达；二是认为手绘水平差，在设计过程中，必将受到诸多限制，设计水平一定受到不可克服的限制，无法做出高水准的设计方案。这样的误区致使很多初学设计的人羞于徒手表达自己的设计理念。所以，只有科学的方法与流程，才能使具有熟练手绘表达能力的专业人士如虎添翼，在家具新产品开发中才能恰当应用高水准的草图表达，帮助设计师实现高水准的设计。同样，家具设计手绘表现能力较差的人，掌握科学的家具设计手绘表达方法与流程，也可使设计师扬长避短，突破设计手绘表现弱的困境，实现优秀设计方案的顺利表达。就产品开发的初步设计而言，敢于徒手表达的勇气比徒手草图的表现能力更重要，随意的概念草图哪怕简陋的线条也能表达出许多用文字形式难以表述清楚的"想法"。草图可分为概念草图、提炼草图和结构草图等。

10.2.1   概念草图阶段

概念草图是家具设计师开发新产品的初步阶段，从开始就会苦思冥想、奇思妙想、古今中外、天马行空的思维神游，不断捕捉灵感的火花，不断寻找设计的突破口。使产品开发设计中的各个构成元素通过创意思维得到激活，并用形象的手绘草图记录下来，努力把这些思维的闪光点逐渐形成新产品设计的初步创意草图，在初步框架上开拓出新产品的基本形态，如图10-2所示。

图10-2

这个阶段要求学生画大量的手绘草图，并且用辅助的文字说明来进行设计构思，要不断进行反复的推敲与提炼，指导教师要善于帮助学生发现有创新价值和发展潜力的设计元素，示例如图10-3和图10-4所示。快速、清晰地绘制草图，是一位设计师与他人交流的主要图形语言。设计草图有多种多样的表现方式，如用铅笔、钢笔、炭笔、彩铅、马克笔等，不论形式如何千变万化，创意草图不限何种工具和方法，只要求造型能力的掌握和空间思维的迅速表现，在技法上多用简练的速写式线条表现。在创意草图设计过程中，要把头脑中天马行空的思路与闪现的灵感、创意的火花随时用图形的方法记录下来。在整个设计构思中，阶段性、小结性的想法，都用形象记录成完整的设计过程，需要有众多草图的完整形象记录。同时，不断地用新的草图对设计思路进行归纳、提炼和修改，形成初步的设计造型形象，为下一步的深化设计和细节研究打下扎实的基础。绘制草图的过程是让设计创意想象从"朦胧"到"清晰"的过程，通过具体—模糊—提炼扩展—再提炼、再扩展这种反复的螺旋上升的创意过程，形成最佳目标的初步设计方案。

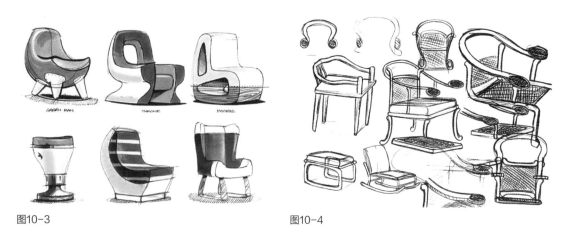

图10-3   图10-4

10.2.2　提炼草图阶段

设计定位是指在设计前期资讯调研分析与大量草图创意的基础上，综合一个具体设计产品项目的使用功能、材料、工艺、结构、尺度、造型和风格而形成的设计目标。每当接受一项家具产品开发设计任务，是接过来马上着手设计，还是先进行广泛的资讯搜寻，以全新的视点去进行创意构思草图并逐步使之具体化，并在此基础上确立设计目标和设计方向，这是设计方法论的问题，还是设计开发的具体程序问题。在产品开发设计中，确定设计定位犹如在航海中确定航标，定位准确，可取得"事半功倍"的效果，稍有差错，会导致整个开发设计走偏而失败。设计草图的提炼、概括、提升主要由以下内容组成。

（1）设计目标的审视与分解

面对一个具体的家具开发项目，我们都必须以全新的视点进行审视，必须把头脑中的现有模式和陈旧经验暂时甩掉，要不抱成见地审视设计目标，任凭创意灵感的尽情发挥去开发设计出新的产品。在动手设计和勾画草图之前，首先在头脑中弄清楚设计定位中的相关元素，把产品开发的目标进行细化分解，甚至可以列出基本提纲和框图，从产品构成元素的细化分解中获寻许多应在本次开发设计中解决的问题。如开发设计一张电脑桌，就目前电脑桌的状态应大量收集同类或相关桌子的资料，进行分析与比较，包括造型、材料、结构、功能及价格等。然后针对其中的相关构成元素进行分解，工作台板、屏幕显示器、主机柜、键盘操作、电脑工作台以及SOHO办公家具同打印、传真、扫描等输出与输入设备的关联，人体工程学尺度、色彩，国际上最新电脑的流行款式与造型，智能化建筑与家具，网络与家具等问题，从中寻找设计目标中的有效诉求点。

（2）确定设计目标的最佳点

设计定位是一个理论上的总的要求，更多的是应具备原则性、方向性，甚至是抽象性的。不要把设计定位与产品具体造型、具体形象等同起来。它只是在整个产品开发设计过程中起设计方向或设计目标的作用。设计定位是着手进行造型设计的前提和基础，所以要先确定。但在实际的设计工作中设计定位也在不断变化，这种变化是设计进程中创意深化的结果。设计过程是一个思维跳跃和流动的动态过程，由概念到具体，由具体到模糊（在新的基点上产生新的想法），是一个反复的螺旋上升的过程，特别是要不断地与设计合作的企业、客户进行探讨、磋商、磨合、论证。所以，设计草图提炼与目标定位本身就是一个不断追求最佳点形成的过程，也是设定产品开发的战略方针。

产品开发是一个关系到众多因素的系统设计，也是一个不断滚动性的连续工作环节，一个新产品的开发，必然会使一些老产品消沉，并引导出接力棒式的下一个开发战略。因此，追求设计目标的最佳点，应集多种条件和基本元素为基点，在这个基础上进行定性、定量的分析，根据这些目标反推、构思、确立设计定位，这种过程是追求设计目标最佳定位的开发战略。

10.2.3　结构草图阶段

结构草图是设计手绘的收官阶段。无论概念草图、提炼草图、结构草图都是将设计师的设计构思由抽象变为具象的过程，记录只是草图的一个功能，重要的功能是对设计的理解与推敲，对一些结构的考虑、对家具生产的实现、对家具功能的创新、对整个家具形态的把握与细部的处理等都需要十分具体的图解思考。所以，在方案确定后，需要有一定数量的图形描绘家具的形态结构、功能结构、工艺结构等，为下一步的生产与造型的准确把握奠定基础。

10.3　岭南建筑元素椅子设计草图

　　在家具新产品设计构思初步阶段，并不是一开始就是精美的、完善的草图，有一个初步阶段至最终完美方案手绘图的过程。本案例以岭南建筑为元素的家具创意设计，将呈现设计元素构思的初步草图—设计方案深入草图提炼—终极方案草图的完善—完成方案的精美草图的全过程。案例充分说明设计过程中草图是一个不断变化、完善的过程，不是一蹴而就的简单过程。

10.3.1　根据建筑元素构思初步草图

　　岭南是古代海上丝绸之路的要道，因而成为西方文明与华夏文明交流的窗口。自汉代以来，海洋给岭南带来商业和开放的优势，使岭南人逐步形成开放革新、兼容并蓄、务实求变的心理，其特点反映在建筑上也是多元性的。其建筑特色表现为平面灵活、形式多样、尊重民俗、讲求实效、顺应自然、与园林绿化有机结合等。岭南建筑具体特征有山墙、正脊、平面、布局、梁柱、装饰。元素：岭南山墙里的锅耳墙，如图10-5和图10-6所示。锅耳墙符号设计提取如图10-7所示。

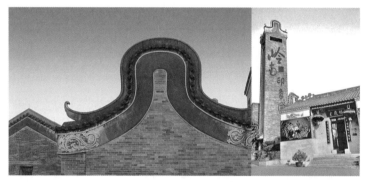

图10-5

图10-6

图10-7

符号的再设计，如图10-8所示。

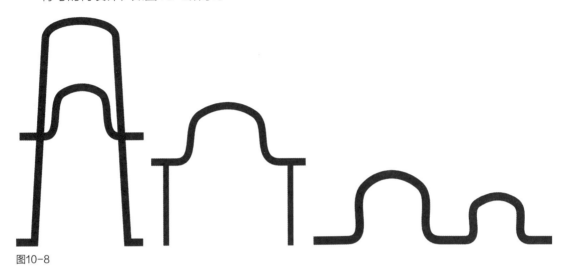

图10-8

　　根据再设计的符号初步设计，绘制草图，此时的草图是初步的，随意、粗糙的。不要花太多时间考虑初步草图是否精美，应以快速、随意的草图形式记录设计灵感，将脑海中各种临时闪现的大量方案创意记录下来，以免稍纵即逝，与优秀方案失之交臂。此时的手绘图形追求快，追求数量的快速记忆，以求实时体现脑海中不断变幻的、跳跃的设计构思。如图10-9至图10-12所示。

图10-9

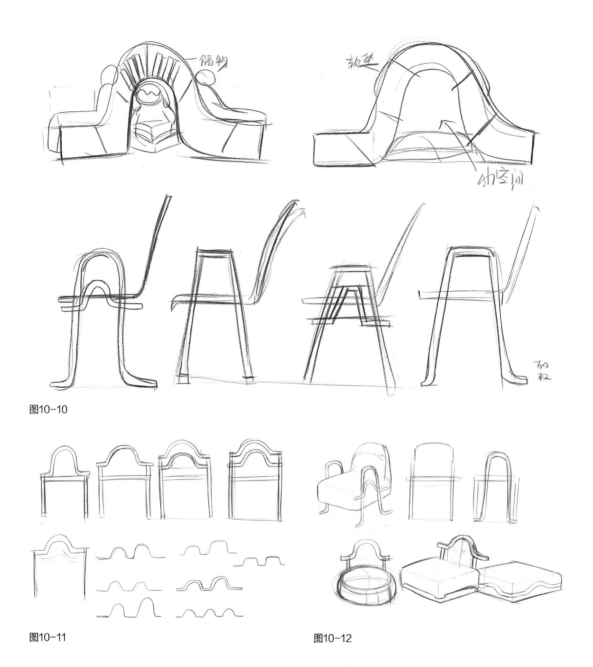

图10-10

图10-11   图10-12

　　设计草图是设计初始阶段的设计雏形，以线为主，多是思考性质的，多为记录设计的灵光与原始意念的，不追求效果和准确。确定方案，根据大量的初步方案，再手绘较为高级的草图，此时的草图可用尺寸辅助，使线条精致，比例尺度更加逼真。

10.3.2 草图评价筛选与提炼

由于初步草图随意，既不规范、也不严谨，追求速度和数量，甚至是难看。正如我们讲话一样，没有深思熟虑往往词不达意。在初步草图阶段之后，设计师要对数量众多的草图方案筛选评估，选取最优秀的方案。对筛选出来的方案草图进行优化、完善细节，这时可以较多地借助绘图工具，橡皮、曲线板、直尺，修正初步草图阶段碎线和歪歪扭扭的线。通过配合绘图工具，手绘草图则更加流畅、线型更加均匀。如图10-13至图10-15所示。

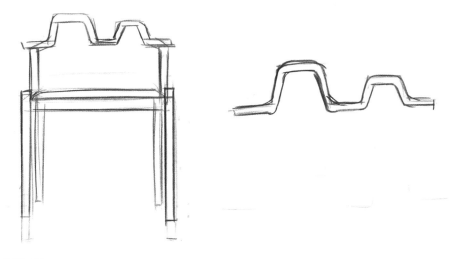

图10-13

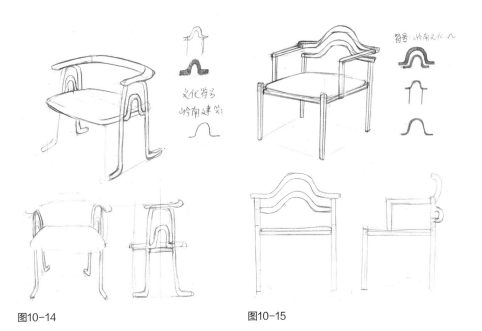

图10-14

图10-15

根据草图绘制效果图，如图10-16所示。

图10-16

根据效果图结合参考家具，调整草图，如图10-17至图10-20所示。

图10-17

图10-18

图10-19

图10-20

根据优化与参考图，优化、深入后，进行电脑效果图的再现，如图10-21至图10-25所示。

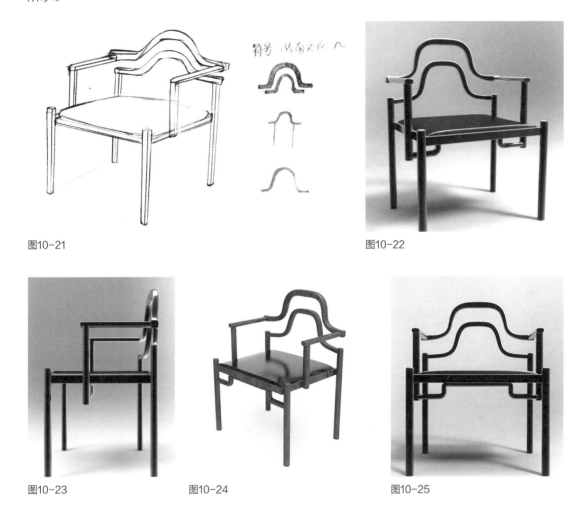

图10-21

图10-22

图10-23

图10-24

图10-25

10.4 汉字书法元素椅子设计草图

10.4.1 根据书法元素构思初步草图

中国书法的外在形式美来自汉字形态，如图10-26和图10-27所示。汉字的方块式结构由点、划穿插而成，经历过多次演变，形成了篆、隶、草、行、楷五种字体，每种字体都有形式上的美感特征。篆书是匀净的线条组织，结构类似图案。隶书笔画比篆书的婉转，为方折，横平竖直、撇捺翻挑。楷书的笔画形状最丰富，结体欹侧而端庄。行书也是欹侧的体态，但是笔画牵连映带，具有流利的美韵。草书线条连绵盘曲，特别是狂草，舍弃了一切外在的装饰，结构简略。中国书法变幻无穷，和草图的形式多样是一样，自由的书法形式可以为家具设计所应用，图10-28和图10-29是"中国第一届建筑师杯"书法家伍斌运用汉字形态设计的参赛作品，获得金奖。这种书法元素的设计手法给了设计师灵感，中国书法博大精深，同时书法形态各异，汉字数量众多，可用造型要素众多。

图10-26   图10-27

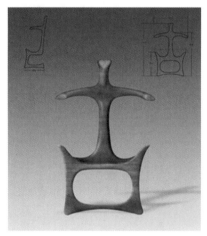

图10-28   图10-29

书法符号与椅子家具设计结合点提取：宋宋宋宋宋宋宋宋宋宋宋宋

10.4.2 草图评价筛选与提炼

从以下几张图可以看出，设计师在草图阶段可以说是天马行空，不是十分注重草图的美观、比例、尺度。但从这些草图可以看出设计师由一个点逐步展开、逐步加深，每个草图之间又有一些细微的变化，有些草图之间又有较大的出入，可以看出设计师在绘制这些草图时虽然神游，但是有其内在的推敲，不断向更好、更优秀的草图与方案前进。草图中的一笔一画皆是家具的造型、家具的零部件。不断涌现的各种草图又会激发设计师产生更多的灵感，如图10-30至图10-32所示。

图10-30

图10-31

图10-32

（1） 初步草图的提炼

从数量众多的草图观察考量，觉得概念方案可行的，从中挑选比较优秀的草图方案，在此基础上进行优化，如图10-33所示。

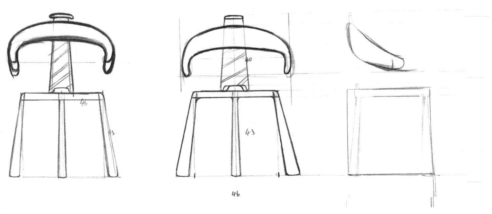

图10-33

设计构思初步草图的提炼，可以是透视图、轴测图，也可以是三视图：俯视草图、正立面草图、侧立面草图。各图样没有约定俗成的规定，全凭设计师个人的爱好与兴趣，以表现设计方案的造型与结构为主。

（2） 深化草图的电脑设计表达

以设计图10-33为基础，进行电脑建模渲染，如图10-34和图10-35所示。

图10-34

图10-35

10.5 明式家具元素椅子设计草图

10.5.1 根据明式家具元素构思初步草图

利用收集到的资料进行分析研究，针对家具的设计风格、造型、色彩、材料、工艺，企业文化和定位等，把中国传统文化融入家具中，把不同的风格进行混搭设计，进行不同文化的碰撞。将传统文化进行现代演绎，以艺术的形式去表现，大胆突破。从更多的草图中增加知识，省略多余。例如明式家具圈椅的椅圈，就需要有好的参考图样，在此基础上进行草图绘制，更容易把握草图的形体，如图10-36和图10-37所示。设计草图的参考，除了设计方案要参考现有家具、自然界中现有的各种元素，在草图阶段，各种家具的形状给予草图绘制过程中的参考，对草图形状的精准把握也是非常有帮助的。

图10-36

图10-37

10.5.2　草图评价筛选与提炼

（1）设计草图绘制

　　草图绘制也不是千篇一律的流程，根据个人爱好及绘制草图的水平，采取不同的绘制流程。根据设计构思绘制草图。对于熟练的设计师来说，草图绘制水平比较高，可以一步到位，一次性绘制形体、尺度比例、质感、肌理、局部装饰都比较到位的精美草图。在此过程中也可借助辅助工具，节省草图绘制中间步骤，节约绘制时间，提高草图绘制速度，提高草图绘制质量。如图10-38和图10-39所示。

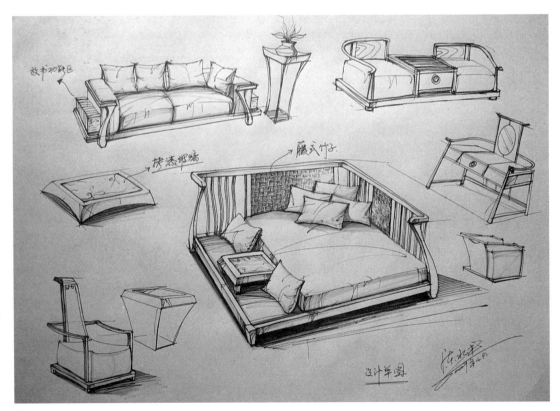

图10-38

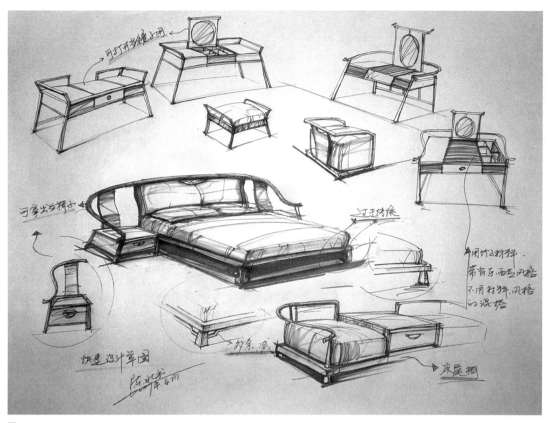

图10-39

（2）深化草图的电脑设计表达

以图10-38和图10-39的设计为基础，进行电脑建模渲染，如图10-40至图10-41所示。

图10-40

图10-41

11

家具企业产品开发
手绘案例

11.1　计算机辅助设计效果图

近年来，随着电脑硬件、建模软件、渲染软件的快速发展，电脑建模越来越精细，电脑渲染效果图越来越逼真。设计公司、企业最终方案以效果图展示。曾经令人羡慕、妙笔生花的徒手画，在设计业务交流中现已很少见了，在新产品开发阶段手绘图似乎逐渐被电脑效果图取代。

电脑效果图具有手绘效果图无法比拟的真实感，几乎如同真实家具的照片，而且在电脑上可以全方位立体呈现。不但可以表现家具的真实形态，还可以表现虚拟场景画面，把家具的各个角度全方位展示在人们面前，如图11-1所示。虚拟现实技术（VR）是仿真技术的一个重要方向。虚拟现实技术主要包括模拟环境、感知、自然技能和传感设备等方面。模拟环境是由计算机生成的实时动态的三维立体逼真图像。理想的VR应该具有一切人所具有的感知。除计算机图形技术所生成的视觉感知外，还有听觉、触觉、运动等感知，甚至还包括嗅觉和味觉等，也称为多感知。通过3D建模、渲染技术，人们直接感知家具立体的造型、结构、质感、肌理、色彩。还可以把虚拟设计的家具放入营造的仿真场景中，人们还可以虚拟漫步在这样的仿真场景里。人的头部转动，眼睛、手势或其他人体行为动作，由计算机来处理与参与者的动作相适应的数据，并对用户的输入做出实时响应，并分别反馈到用户的五官。给人十分强大的真实体验感。

图11-1

11.2　信息时代手绘图的无可取代性

手绘效果图和电脑3D效果图是家具设计构思的两种表达方式。两种表达方式在实际应用中各有所长，无法取代对方。无论是何种形式的效果图，它们都直观、逼真地表达设计师的设计构思。设计效果图不论用哪种形式来表现都可以说是空间的预想图，是设计师表达设计构思、推敲方案、说明设计意图的一种特殊语言形式。能客观地传达设计者的创意，忠实地表现设计空间造型、结构、材料、颜色等，在设计中用于不同阶段。手绘图无法取代的优点：

第一，快速记录。设计师在设计构思时，会在短时间内形成大量的设计概念，有些概念一闪而过，用电脑建模无法匹配设计师短时间内大量记录、保存设计师的设计概念，而手绘快速表达完全可以满足设计师概念阶段设计灵感快速闪现的记录与保存的需要。

第二，与客户实时交流时，快速的描绘技巧是非常重要的手段。接到项目以后设计师单凭语言是无法和客户达成共识的，把复杂的语言用图形言简意赅地切入主题是最有效的方式。设计师可以一边和客户交流，一边通过快速手绘图将其设计意向重点跃然纸上，可以提高设计交流的准确性。手绘效果图的快速成图性质是很多电脑效果图无法取代的。

11.3　手绘图和计算机效果图的差异

手绘效果图的主要作用是设计师整体设计构思的外在表达，通过绘制轮廓表达家具形态和结构，填涂色彩表现质感和肌理，在表现方式上逐步倾向快速、实用，强调手绘特色。手绘效果图根据具体要求，表现方法可详可略，可繁可简，有较大灵活性和弹性，适合在不同情况下选用不同的纸张、笔、色彩等。强调设计概念的快速表达和设计交流的实时沟通，手绘图以捕捉灵感为重点。在铺天盖地的电脑图包围之中，设计师要正确使用手绘效果图的表现手法，让思维自由驰骋，拿起手中纸笔，让灵感流淌于纸上。如图11-2所示。

电脑绘图是电脑三维建模、三维软件渲染，是随计算机迅速发展出现的一种新型绘图方式，建模渲染精细美观，造型准，效果真实，修改容易，立体动态展示。在科技飞速发展的时代，电脑图的优势在很多方面是手绘效果图无法比拟的。如今电脑图越来越多出现在各种方案中，如招商广告、室内效果、环境艺术、风景园林、产品造型等方面，成了吸引业主、竞争项目的重要手段，如图11-3所示。手绘和电脑作为效果图绘制的两种形式，各有不同。如图11-4和图11-5所示。

图11-2

图11-3

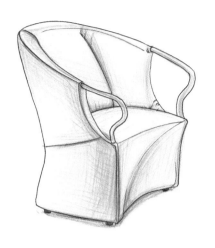

图11-4

图11-5

11.4　现代家具产品开发中手绘图的取舍

（1）　手绘效果图围绕"快"和"准"下功夫

　　手绘的主要目的是在设计创意初期表达产品开发创意亮点，手绘快速表现紧紧围绕"快"和"准"下功夫。快速手绘的快与好，要依赖于设计师本身的经验和技术水平。所以，作为设计师，平时养成坚持画速写的好习惯，从临摹入手学习表现方法，写生家具、家居、陈设、绿化、灯具及室外风景、园林等内容。通过这样的基础训练，才能快速、准确表达构思方案，从而迅速"原汁原味"地描绘自己对设计方案的详细构想。现在很多设计师虽然熟练地掌握了电脑建模与渲染，但他们没有放弃手绘的练习，理解手绘的意义和重要性，懂得用草图去演绎设计的变化。

（2）　手绘效果图在设计概念上的体现

　　产品开发的方案确定过程也是一个草图方案的过程，是一个设计草图到另一个设计草图接连不断的过程，然后在众多的设计草图里评选审定最佳的方案，一个优秀产品的产生无不经过大量呕心沥血的反复琢磨与推敲。就其表现形式则是一种随即的、概括的、生动的、有灵气的、因人而异的制图。草图绘制的过程，是创作时间的记录、表达，是完成一个逻辑思维向形象思维转化的过程，也是一个思想火花固化的过程、创作灵感升华的过程和形象思维强化的过程。这个过程也可能是一闪而过的念头，也可能是一次激情的迸发，要记录下来这些则要求"快"，要能捕捉、能表达，必然要求我们能运用一种十分便捷、不受限制的方法来完成。草图中的世界，也就是设计师心灵中的世界。草图是由心来描、意来写，用眼来看、手来绘。草图是五彩缤纷的想象世界，也是从梦幻变成现实的自由天地。

（3）产品设计的快速表现手绘图要舍弃过分细腻的描绘

手是大脑的延伸，这个"延伸"很重要，以最直接的速度来表现大脑的设想。在电脑技术仿真时代，手绘图无论如何细致细腻地表达也无法达到电脑的逼真程度，见图11-6手绘图与图11-7电脑效果图的对比。快速手绘，其手法的随意自由性确立了在快速表达设计方案记录创意灵感的优势和地位，而在产品方案确定之后的优化及深化的推敲过程，应该以细致精美的电脑建模与渲染效果为主。快速手绘图一旦完成，无法再进行修改。而电脑效果图造型准，效果逼真，修改容易，可以短时间内产生数十个系列化的方案。所以进行细致、细腻、精美手绘效果图的表现，在设计过程中会导致设计效率低下，这一模式在当下已经被仿真的电脑技术所取代。

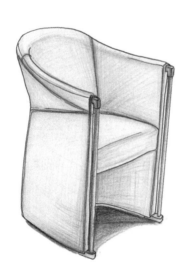

图11-6

图11-7

11.5 现代家具企业产品开发手绘图案例展示

11.5.1 产品开发快速表现图注意事项

第一，尺寸比例科学合理。设计公司与家具企业快速手绘表现图要注意产品的尺寸比例，对于家具的功能尺寸把握要十分准确，但也不能墨守成规，要根据家具的具体情况进行变化。例如，对于软体组合沙发，扶手高度、坐宽、坐高、坐深的基本尺寸要熟练掌握，根据家具的档次、使用场所要适当调整。对于沙发靠背的高度有大致几个模数，不同类型风格的沙发，其靠背高度是不同的。在手绘草图绘制立体形态时，要有准确合理的选择。

　　第二，不同材料、不同工艺的表现手法要进行大量练习，对于家具的各种材料的表现要进行分门别类的练习，比如要画好组合沙发快速手绘表现图，对沙发所用的软皮、硬皮的表面质感处理，皮革拼接处、收口等处要进行仔细的观察，对于表现形式要观察其他设计师的表现手法，融会贯通，结合自己的手绘心得，取长补短，提高表现的技巧与速度。对软体家具常见细节形态的表现要进行大量的练习。不同的工艺处理有不同的表现手法，同样要借鉴其他设计师优秀的表现手法，丰富自己的表现技术，图11-8是一种厚皮的快速手绘表现图，图11-9是一种中厚皮的快速手绘表现图，图11-10是一种中薄皮的快速手绘表现图。

　　第三，初学者要运用绘制合理的透视铅笔底稿，对于大幅面、大场景的大尺寸家具的快速手绘表现图，要学会以轻细浅色的铅笔先打初稿，绘制视高、视距、偏角合理的立体透视图底稿。在绘制底稿过程中，对长短、大小、比例、走向、形态不合理的线条可以擦拭，再重新绘制。科学合理的透视可以避免快速手绘表现图变形。

图11-8

图11-9

图11-10

第四，初学者要敢于借助于各类辅助绘图工具，图11-11至图11-14都借助了三角板工具，使直线流畅、整齐有力度。所以，对于初学者，对于线条的运用不是非常熟练的时候，在对后期图形的润色阶段，大胆借助三角板、直尺、圆规、曲线板、几何图形模板等工具。借助这些工具绘制直线、曲线、几何形状，使画面线条流畅精美，避免变形，树立自己绘制快速手绘表现图的信心。

图11-11

图11-12

图11-13

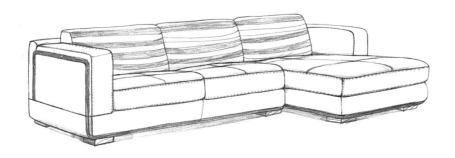

图11-14

11.5.2　企业案例欣赏

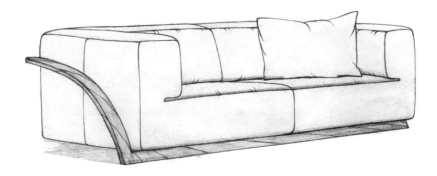

图11-15

图11-16

图11-17

水浮莲编板

木

钢封

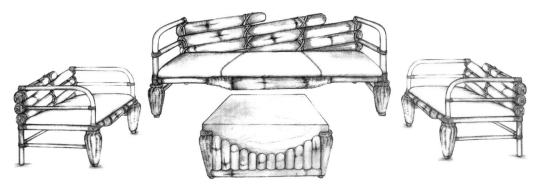

图11-18

图11-19

图11-20

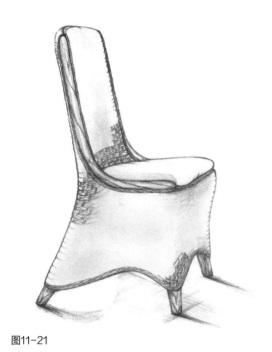

图11-21

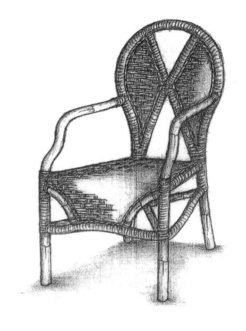

图11-22

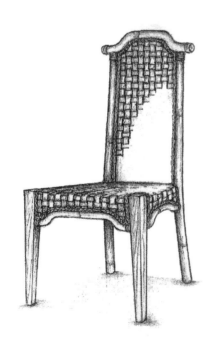

图11-23

890

445   552

图11-24

图11-25

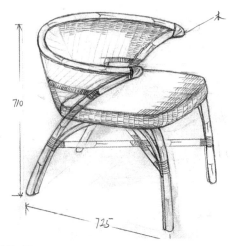

图11-26

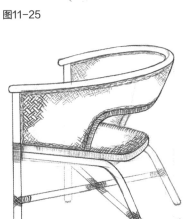

图11-27

图11-28

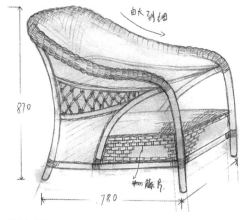

图11-29

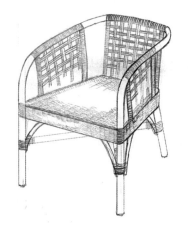

图11-30

图11-31

图11-32

图11-33

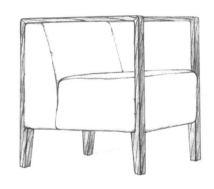

图11-34

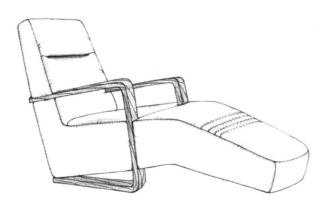

图11-35

图11-36

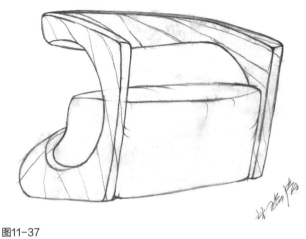

图11-37

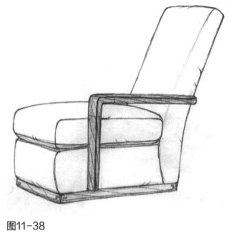

图11-38

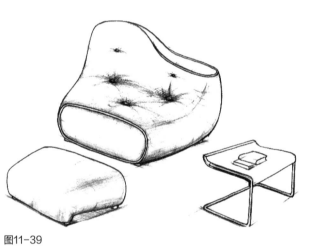

图11-39

图11-40

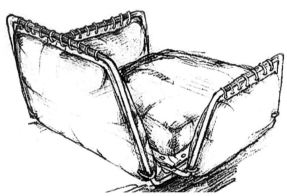

图11-41

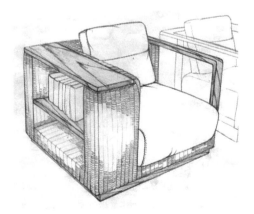

图11-42

图11-43

图11-44

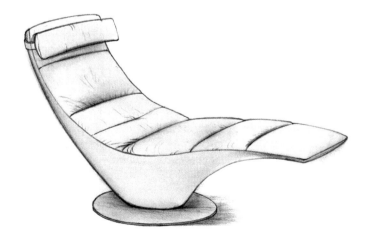

图11-45

图11-46

图11-47

图11-48

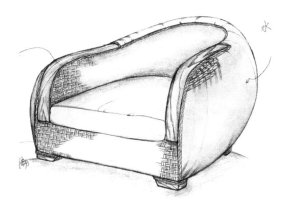

图11-49

图11-50

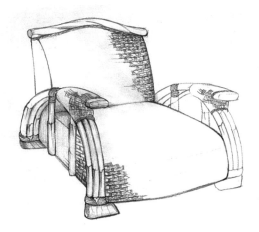

图11-51

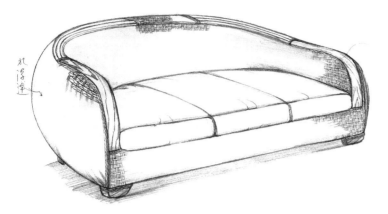

图11-52

图11-53

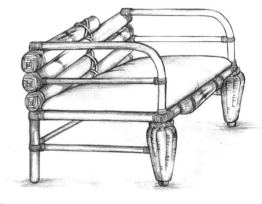

图11-54

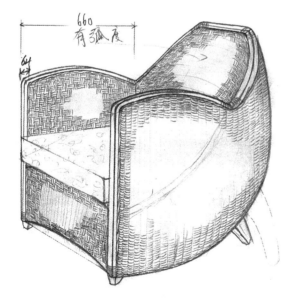

图11-55

图11-56

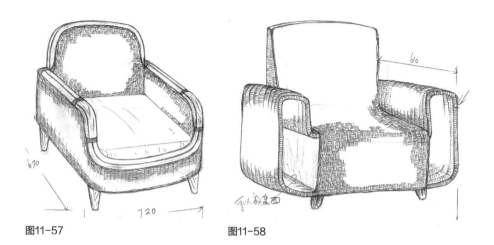

图11-57

图11-58

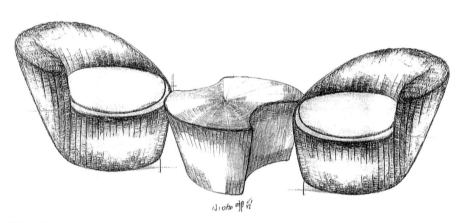

图11-59

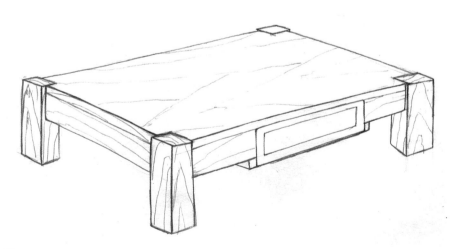

图11-60

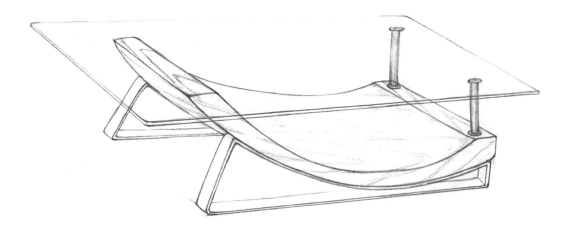

图11-61

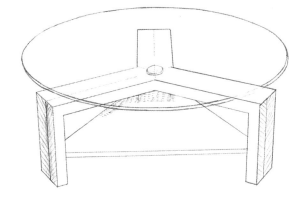

图11-62

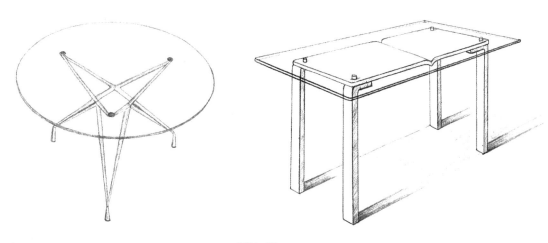

图11-63

图11-64

图11-65

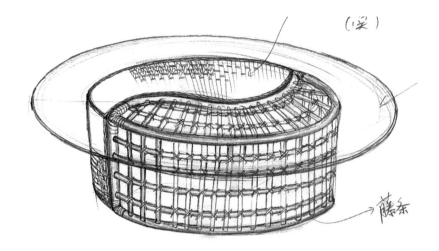

（采）

藤条

图11-66

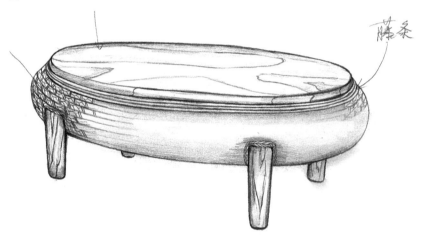

藤条

图11-67

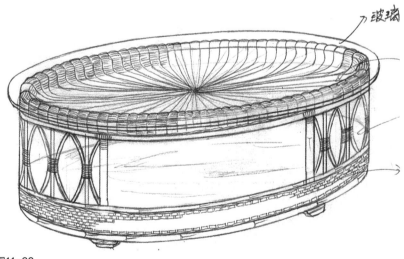

玻璃

图11-68

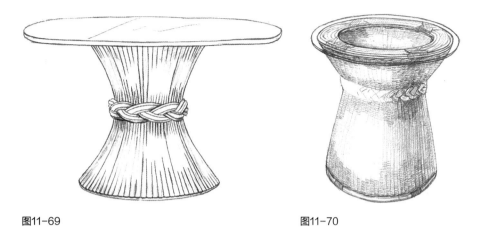

图11-69　　　　　　　　　　　　　　　　图11-70

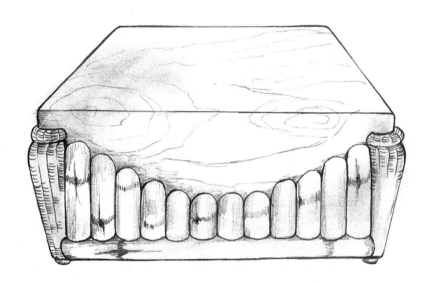

图11-71